普通高等教育"十三五"规划教材

生物化学实验

第三版

（工科类专业适用）

董晓燕　主编

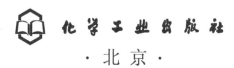

化学工业出版社

·北京·

内容简介

《生物化学实验》(第三版)增加了一些新的现代生化分析和测试法,如远红外测定法、动态光散射法、透射电镜法、原子力显微镜法等新内容。去掉不实用且陈旧的实验,增加一些目前常用和实用的实验,如增加比较简单实用的"残余法对粗脂肪含量的测定""植物叶片在衰老过程中过氧化脂质含量的变化""淀粉酶活力测定"等实验。将基础性与经典性、理论与实际相结合,融知识传播、能力培养及素质教育为一体。

本教材适合于生物工程、制药工程和食品工程本科专业教学使用,也可供生物工程相关专业研究人员参考。

图书在版编目(CIP)数据

生物化学实验/董晓燕主编. —3 版. —北京:化学工业出版社,2021.2(2024.1重印)

普通高等教育"十三五"规划教材

ISBN 978-7-122-38160-6

Ⅰ. ①生… Ⅱ. ①董… Ⅲ. ①生物化学-实验-高等学校-教材 Ⅳ. ①Q5-33

中国版本图书馆 CIP 数据核字(2020)第 243304 号

责任编辑:赵玉清 李建丽　　　　　　　　文字编辑:陈小滔 刘洋洋
责任校对:赵懿桐　　　　　　　　　　　　装帧设计:王晓宇

出版发行:化学工业出版社(北京市东城区青年湖南街 13 号　邮政编码 100011)
印　　装:涿州市般润文化传播有限公司
787mm×1092mm　1/16　印张 10½　字数 256 千字　2024 年 1 月北京第 3 版第 3 次印刷

购书咨询:010-64518888　　　　　　　　售后服务:010-64518899
网　　址:http://www.cip.com.cn

凡购买本书,如有缺损质量问题,本社销售中心负责调换。

定　　价:36.00 元

随着学科发展,很多工科院校都设立了生物相关专业并开设了生物化学及生物化学实验课程。但工科类相关专业,对掌握生物化学及生物化学实验的知识要求范围与一般理科专业相差较大,因此急需根据不同学习对象进行教材改革。为适应这种需求,《生物化学实验》(工科类专业适用)第一版和第二版于2003年和2008年相继出版发行,并获得了使用学校和其他读者广泛的认可和欢迎。为适应学科及教学发展的需要,进一步提高本书的使用和参考价值,本次我们对本书的部分内容又进行了修改和补充,作为第三版重新出版。

第三版保留了上版的基本内容和特色,除对文字进行全面修订外,删除了一些陈旧的内容和实验,增加了一些新知识、新内容和新实验,具体体现在:

(1)为了适应生物技术发展的需要,将第二版第二章第七节"常用的蛋白质现代分析法"改为"现代生化新方法",并添加了红外光谱法、动态光散射法、透射电镜法、原子力显微镜法、石英微晶天平的基本原理等,本节内容由张麟编写和修订。

(2)删除了第二版第三章中的实验五、七、九、十四、十八、二十、二十一、二十三和第四章的实验七。在第三版第三章中补充了实验五、十四、十七、十九(由冯远航负责编写)和二十三(由朱勇负责编写)。

(3)对原版第三章少数实验进行了重点修订(其中实验二、八、十五、二十二由冯远航修订,实验七和十三由张麟修订);在附录中增添了实验室规则和安全防护(由冯远航编写)。

我们希望通过上述修订使新版教材更具有前瞻性和实用性。

书中第一、二、四章由董晓燕负责修订,第三章由张麟、冯远航和朱勇负责修订,附录由冯远航和朱勇修订,参考资料由冯远航负责整理。最后全书的统编工作由董晓燕负责完成。

在新版教材发行之际,我首先感谢化学工业出版社对本书出版给予的大力支持;感谢天津大学化工学院生物工程系陈宁博士和徐锐硕士对书稿的通读和检查;也感谢天津大学化工学院大型仪器平台的邹少兰、何清、梁国弘、翟勇等老师和天津大学分析测试中心刘洋老师对本书第二章第七节"现代生化新方法"的审阅修改和建议;感谢天津大学化工学院各级领导多年来给予的支持;最后特别感谢全体作者的大力支持和积极配合。

董晓燕
2020 年 6 月于天津大学

自 20 世纪 70 年代基因工程技术诞生以来，生物化学及分子生物学发生了深刻的变化。DNA 重组技术使人们可以从分子水平上认识生命，从此生物技术得到了突飞猛进的发展，从事生命科学研究的人也越来越多，生物化学及分子生物学已渗透到很多学科领域。

近 20 年来，我国在生命科学与技术的研究也有很大的发展，特别是许多工科院校的相关专业都开设了生物化学及分子生物学课程。教育界认为，为了科学技术综合发展，需要更多的人了解生命科学，特别是作为生命科学基础的生物化学知识。在这种情况下，生物化学及生物化学实验的教学工作，面临着根据不同学习对象进行教学改革的需求。本书就是为适应这种需求而为工科院校相关专业学生编写的一本实验教材。

作者从 1992 年开始为天津大学生物化工专业硕士研究生及本科生开设"生物化学及生物化学实验"必修课以来，深感教学资料零散，没有工科专业合适的教科书，给学生掌握授课内容带来很大困难。因此，从 1995 年起，结合教学和科研工作，着手"生物化学实验"讲义的编写。同时将编写的内容用于近年本科生和研究生课教学实践，收到了良好的教学效果。最近，在与有关院校的交流中发现，他们也同感于实验教材的缺乏。因此，商议决定在原讲义内容的基础上，结合各专业的不同要求，增加了内容的系统性和完整性，形成本书的初稿。后经反复增删，完成了本书的修改工作。

本书重点收入了适合生物工程、制药工程、食品工程及其他相关轻工专业学习的生物化学实验内容。另外，为适应今后发展需要，还收入了部分分子生物学的基础实验内容。

全书共分 4 章，其中第一章和第二章由董晓燕编写；第三章由朱勇（实验一、二、三、四、五、十、十二、十三、十四、十五、十六、十八、十九、二十一、二十二）、张长平（实验八、九、十七、二十三、二十四）、曹东旭（实验六、七、十一、二十、二十五、二十六）编写；第四章由朱勇（实验四、五）、张长平（实验一、二、三、六）编写；书中的附录是由朱勇和曹东旭共同整理的。最后全书的统编工作由董晓燕和朱勇负责完成。

另外，天津科技大学的吕晓玲教授在百忙中对书稿提出了宝贵的意见；化学工业出版社对本书的出版给予了大力支持，在此谨向他们表示真诚的谢意。另外，借此机会，作者向各界朋友、老师、学长、同事以及天津大学各级领导多年来给予作者的支持、鼓励和教诲表示感谢。

生物化学是蓬勃发展中的学科，由于作者知识和经验有限，加之时间较短，书中错误和不足之处在所难免，敬请读者给予批评指正。

董晓燕
2002 年盛夏于天津大学

　　伴随生物技术的迅猛发展，从事生命科学研究的人越来越多，生物化学及分子生物学已渗透到很多学科领域。特别是许多工科院校的相关专业都开设了生物化学及分子生物学课程。作者在教学工作中发现，工科类相关专业对生物化学及生物化学实验知识要求掌握的范围与一般理科专业相差较大，急需根据不同学习对象进行教材改革。为适应这种需求，第一版《生物化学实验》在2003年出版发行。4年来，重印多次，得到了使用学校广泛的认可和欢迎。但是，生物技术在不断发展且更新较快，为适应学科及教学发展的需要，进一步提高本书的使用和参考价值，我们对本书的部分内容进行了修改和补充，作为第二版重新出版。

　　第二版保留了第一版的基本内容和特色，除对文字进行全面修订外，删除了一些陈旧的实验，增加了一些新内容、新知识，具体体现在：

　　（1）在第二版第一章中增加了第七节"常用的蛋白质现代分析法"，主要介绍了荧光光谱、圆二色性和核磁共振技术的基本原理，目的是适应新研究的发展需要（此部分内容由河北理工大学生物技术系张俊杰编写）。

　　（2）删除了第一版第三章中的实验七、十一、二十、二十二、二十五和二十六。在第二版中补充了实验五、六、七、十八、十九和二十三（由北京理工大学生物技术系安宜和张钧负责编写）；整合了第一版第三章中的实验十八和十九，成为新版第三章中的实验二十二，使教材更便于使用。

　　（3）对第三章少数实验（实验二、八、九、十四和十六）进行了修订，此部分内容由河北工业大学化工学院生物工程系王海鸥完成；同时对附录的内容进行了删减和补充（由天津大学化工学院生物工程系朱勇完成）。

　　（4）在新版第三章中增加了实验四和第四章中增加了实验七（朱勇编写），提高了教材的新颖性。

　　我们希望通过上述修订会使新版教材更具有前瞻性和实用性。

　　在新版教材发行之际，我首先感谢河北理工大学的贾长虹副教授在百忙之中通读了本书稿并提出了宝贵的意见；感谢天津大学化工学院生物化工系硕士研究生陈丽君和张拓宇对书稿文字处理和实验内容确认给予的帮助；另外，感谢化学工业出版社对本书的出版给予的大力支持，感谢天津大学"十一五"精品教材建设及各级领导多年来给予作者的支持、鼓励和教诲。最后特别感谢我的家人对我工作的长期支持。

董晓燕

2007 年 12 月

目录

附录　/ 126

参考文献　/ 155

第一章

生物化学实验的基本要求

第一节　实验的准确性

生物化学实验是以活的生命体为对象，对生物体内存在的大分子物质，如糖、脂肪、蛋白质、核酸、酶等进行定性或定量的分析测定。定性分析是确定物质的种类，或粗略计算物质所占的比例；而定量分析则需确定物质的精确含量。因此研究者要根据实验要求，对实验结果进行分析和总结，要善于分析和判断结果的准确性，认真查找可能出现实验误差的原因，并进一步研究减少误差的办法，以不断提高所得结果的准确度。

一般在实验测量过程中必然会有误差产生，但如果懂得这些误差的可能来源，多数的误差可以通过适当的处理来校正。

产生误差的原因很多，一般根据误差的性质和来源区分。

一、系统误差

系统误差是指在测量过程中某些经常发生的原因所造成的误差。它对分析结果的影响比较稳定，常在重复实验时反复出现，使测定结果系统偏高或偏低。

（一）系统误差的来源

① 方法误差　如用滤纸称量易潮解的药品；做生物实验特别是酶的实验时，没有考虑温度的影响。

② 设备误差　如量取液体时，按烧杯的指示线量取液体往往准确度较低，需要用量筒量取；而在配制标准溶液时量筒同样不够精确，要选用等体积的容量瓶定容至刻度线。又如不同的天平精度差别很大，如果需要称量 100g 以上的物体，使用托盘天平即可；但如称量 1g 的样品，选用扭力天平比较方便；而称量 10mg 以内的样品，则必须用感量为万分之一克的分析天平或电子天平称取。

③ 试剂误差　如试剂不纯或蒸馏水不合格，引入微量元素或对测定有干扰的杂质，就会造成一定的误差。

④ 习惯误差　如在使用移液管量取液体时，由于每人的操作手法不同，可能会存在一

定的习惯误差。特别是在读取数据时，目光未平视，视线与液体弯月面未相切，都可成为实验中造成较大误差的主要原因。

（二）系统误差的校正

① 仪器校正　在实验前对使用的砝码、容量瓶或其他仪器进行校正，对 pH 计、电接点温度计等测量仪器进行标定，以减少误差。

② 空白实验　在任何测量实验中都应包括对照的空白实验。空白实验是指用同体积的蒸馏水或样品中的缓冲液代替待测溶液，并严格按照同样的测量方法测得的结果。在最后计算时，应从实验测定值中扣除空白测定值，这样即可得到比较准确的结果。

二、偶然误差

由难以察觉的原因或个人一时辨别差异，也可能是某些不易控制的外界因素而引起的误差称为偶然误差。生物类实验常常受多方面因素的影响，所以某些条件，如温度、光照、气流、反应时间、反应体系的微小变化，都会引起较大的误差。特别是某些因素的作用机理目前仍不十分清楚，所以有些实验结果重现性较差。

偶然误差初看起来似乎没有规律性，但经过多次实验，便可发现偶然误差遵循正态分布，其表现为：一是正误差和负误差出现的概率相等；二是小误差出现的频率高，而大误差出现的频率较低。因此，解决偶然误差主要可通过进行多次平行实验，然后取其平均值来弥补。测试的次数越多，偶然误差出现的概率就越小。

三、过失错误

除了上述两种误差外，往往还可能由操作不认真，观察不仔细，没有按操作规程去操作等引起过失错误。这对于初做生物化学实验的工作者来说是经常发生的，如加错试剂；在配制标准溶液时，固体溶质未被溶解就用容量瓶定容；在称量样品时未关升降枢就加砝码；在进行电泳时，点样端位置放错；在做抽滤实验时，应留滤液却误留滤渣；在作图时，坐标轴取反以及记录和计算上的错误；等等。这些失误会对分析结果产生极大的影响，甚至致使整个实验失败。所以在实验中，一定要避免这样的错误，培养严谨和一丝不苟的科学实验作风，养成良好的实验习惯，减少失误的发生。

此外，在实际工作中要根据实验目的，设计好切实可行的实验方案，并根据实际需要，选择测试手段（仪器及方法）。如在做定性实验时，称量及配制试剂可相对粗放，即可选择台秤及量筒来称重或量取；而在做定量实验时，则必须使用分析天平及容量瓶来称量和定容，以确保实验数据真实可靠。

第二节　/ 实验记录及报告

由于生物化学实验的对象是生命体或生物活性物质，在实验中很容易受外界环境条件的影响，出现实验结果的差异。因此，在实验记录和写实验报告时，需要实验者做到仔细、认真、实事求是，只有这样才能获得真实可靠的实验结果。

一、实验记录

在实验课前应认真预习，初步了解实验目的、实验原理，对操作方法及步骤要做到心中有数。最好有一个预习提纲，写出简要的实验步骤。

在实验中，要对观察到的结果及数据及时记录。记录时要准确、客观，切忌夹杂主观因素。例如在做一些颜色反应实验时，要根据实验中出现的真实颜色记录，真实的实验记录才是今后结果分析的可靠依据，切勿根据在课本中已经了解的可能出现的现象做虚假记录。应该记录清楚实验中配制溶液的过程、加样的体积、使用仪器的类型以及试剂的规格、浓度等，以便在总结实验时，查找实验失败的原因。另外，也要认真记录实验时的环境条件（如温度、湿度、光度等）及反应时间。详细的记录才能成为今后实验的参考数据。

二、实验报告

实验结束后，应及时整理和总结实验数据，写出实验报告。一份好的实验报告应包括以下内容。

1. 标题

标题应包括实验名称、实验时间、实验地点、实验组号、实验者姓名、实验室条件（如温度、湿度）等。

2. 实验目的及原理

简明扼要地阐述实验的理论依据及实验目的，明确实验操作与理论知识的联系。

3. 材料和仪器

要写清实验材料的来源、规格、浓度及配制方法；写明实验仪器的生产厂家、型号及常用指标。

4. 操作方法

描述自己的操作过程及方法，不能完全照抄书本的内容。可简明扼要地把实验步骤一步步写出，也可用工艺流程图或表格描述实验过程。实验步骤一定要写得准确明白，以便他人能够重复验证。

5. 实验结果

将实验中的现象、数据进行整理、分析，得出相应的结论。在生物化学实验中常用图表来表示实验结果，这样可使实验结果清楚明了。特别是通过对标准样品的一系列分析测定，制作标准曲线，然后通过查标准曲线得出待测样品的量。现将常用方法介绍如下。

① 列表法　将实验所得的各种数据列成表格。通常在表格的第一行和第一列标出数据的名称或单位，其余行列内只填数字。有的表格在中间或末端的一行内还要填上反应条件，如"水浴中加热5min"等。注意表格的上方一定要有表题。具体表格式样参见第三章。

② 作图法　图线可常常用于表示实验所得的一系列数据之间的关系及变化情况，这种方法有助于实验者直观地分析实验数据，比较适用于实验数据较多的情况，但不易清楚地表示数据间的情况。如生化实验中用比色法测定未知样品浓度时，常常先绘制已知标准样品浓度的工作曲线，然后在同样工作条件下测定未知样品，用所得的数据从标准工作曲线中查出未知样品的浓度。作图时，首先要在坐标纸上标出坐标轴，标明轴的名称和量的单位，然后

在横轴和纵轴上一一找出实验交点，用"×"或"·"标注上，再用直线或平滑线将各点连接起来。图线不一定经过所有实验数据点，但要求线必须尽量通过或靠近大多数数据点。个别偏离过大的点应舍弃，或重复实验进行校正。此外在图下还应标明标题和必要的图示，以防单纯看图的人对此图感到不知所云（具体实例见第三章实验三或实验十二）。

　　6. 讨论

　　讨论部分是对整个实验过程、实验结果的总结、分析。对得到的正常结果和出现的异常现象进行分析，对教师提出的思考题进行思考和讨论，也可对实验设计、实验方法提出合理的改进性意见，以便教师今后能更好地安排实验。

第三节　／　实验样品的制备

　　生物化学实验所用的材料通常来源于动物、植物和微生物。其中包括蛋白质、酶、核酸等高分子化合物。但由于得到的样品往往是多种物质的混合物，首先要对其进行预处理。

一、动物脏器

　　1. 冰冻

　　刚宰杀牲畜的脏器要剥去脂肪、筋皮等结缔组织，若不马上进行抽提，应置－10℃冰箱短期保存，或－70℃低温冰箱储存。

　　2. 脱脂

　　脏器原料中常含有较多的脂肪，会严重影响纯化操作和制品的收率。一般脱脂的方法有：人工剥去脂肪组织；浸泡在脂溶性有机溶剂（丙酮、乙醚）中；采用快速加热（50℃）、快速冷却方法，使融化的油滴冷却凝成油块而被除去；也可利用索式提取器使油脂与水溶液分离。

二、微生物

　　微生物细胞具有繁殖快、种类多、培养方便等优点，已成为制备生物大分子物质的主要宿主。将培养一段时间后的微生物菌液离心，收集上清液，浓缩后即可制备胞外有效成分。将菌体破碎后亦可提取胞内有效成分。如培养菌液不立即使用，可放置 4℃低温保存一周左右。

三、细胞

　　细胞是生物体结构的基本单位。细胞除具有细胞膜、细胞质、细胞核外，还有线粒体、脂质体等细胞器。通常人们提取的物质主要分布在细胞内，所以在提取这类物质时，首先必须破碎细胞。

　　破碎细胞的方法主要有以下几种。

1. 研磨法

将动植物组织剪碎，放入研钵中，加入一定量的缓冲液，用研杵用力挤压、研磨。为了提高研磨效果，可加少量石英砂或海砂来助研，直到把组织研成较细的浆液。此法作用温和，适用于植物和微生物细胞，适宜实验室操作。

2. 组织捣碎机法

该方法主要适用于破碎动物组织，作用比较剧烈。一般首先把组织切碎置于捣碎机中，于 $8000 \sim 10000 r/min$ 下处理 $30 \sim 60s$，即可将细胞完全破碎。但如提取酶液和核酸时，必须保持低温，并且捣碎时间不宜太长，以防有效成分变性。

3. 超声波法

超声波是频率高于 $2000Hz$ 的波，由于其能量集中而强度大，振动剧烈，可破坏细胞器。用该法处理微生物细胞较为有效。

4. 冻融法

将细胞置低温下冰冻一段时间，然后在室温下（或 $40℃$ 左右）迅速融化，如此反复冻融几次，细胞因形成冰粒或胞液盐浓度增高而发生溶胀、破溶。

5. 化学处理法

利用有机溶剂，如丙酮、氯仿和甲苯等处理细胞时，可将细胞膜溶解，进而破坏整个细胞。

6. 酶法

溶菌酶具有降解细胞壁的功能，利用这一性能处理微生物细胞，可将细胞破碎。

第二章

常见的实验方法及基本原理

第一节 透析

透析是一种膜分离方法。透析膜为半透膜，允许小分子物质透过，而截留蛋白质等大分子物质。因此，透析可用于蛋白质等生物大分子溶液的脱盐或缓冲液交换，是一种实验室分离纯化蛋白质等生物大分子的常用方法。

透析的一般操作过程示于图 2-1。将待分离的样品放进用半透膜制成的透析袋中，透析袋的两端打上结，并浸没于水或低离子强度的缓冲液（透析液）中，轻轻搅拌。在此过程中，小分子溶质在浓度差的作用下，从透析袋逐渐扩散进入透析液，而透析液中的缓冲组分也可扩散进入透析袋，从而达到除去样品中小分子溶质或样品缓冲液交换的目的。

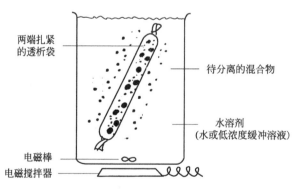

两端扎紧的透析袋　　待分离的混合物　　水溶剂（水或低浓度缓冲溶液）　　电磁棒　　电磁搅拌器

图 2-1　透析操作示意图

透析膜通常用玻璃纸、火棉胶、纤维素和聚丙烯腈等亲水性材料制成，具有一定的孔径，允许分子量较小的物质通过，而截留分子量较大的蛋白质和其他分子，将它们保留在膜内。透析膜的孔径通常用截留分子量表示。截留分子量是用假定的平均球蛋白的大小为基础标定的，是个标称量。如果待分离物质（如蛋白质）是线状的，那么即使其分子量大于膜的截留分子量，也可能透过透析膜。因此，在透析操作时最好选择截留分子量远小于待保留物质分子量的透析膜。

透析操作的一个重要指标是透析率，即小分子溶质的去除率。透析率取决于若干因素，如样品的浓度、溶质的分子量、样品和透析液的体积、透析时间等。无机盐等小分子溶质的扩散系数大，透析速度快。

在透析过程中，由于膜内外存在浓度差，透析液中的水进入膜内，使样品体积增大。因此初始样品应装添至透析袋体积的一半，另一半是空的，并且将空气排净。如果不留出样品体积膨胀所需要的空间，袋内压力就会不断升高，最终导致透析膜胀破或使膜孔变形，造成透析袋中蛋白质等大分子物质流失。另外，透析操作的时间一般较长，最好在低温下进行，以防待分离的生物活性物质变性失活或发生微生物污染。透析速度是与温度相关的，为了加速透析的作用，可用磁力搅拌器搅拌并且频繁更换透析液，使样品与透析液间保持较大的浓度差，从而提高透析速度，缩短透析时间。

第二节 / 沉淀

沉淀是由环境的变化引起溶质的溶解度降低、生成固体凝聚物的现象。与结晶相比，沉淀是不定形的固体颗粒，构成成分复杂，除含有目标分子外，还夹杂共存的杂质、盐和溶剂。因此，沉淀法是一种初级分离技术。但多步沉淀操作也可制备高纯度的目标产品。

利用沉淀原理分离蛋白质是传统的分离技术之一，目前广泛应用于实验室和工业规模的生物产物的回收、浓缩和纯化。本节根据蛋白质的特性及其沉淀原理简单介绍几种常见的沉淀方法。

一、蛋白质的特性

蛋白质是两性高分子电解质，主要由疏水性各不相同的 20 种氨基酸组成。在水溶液中，多肽链中的疏水性氨基酸残基具有向内部折叠的趋势，使亲水性氨基酸残基分布在蛋白质立体结构的外表面。即使如此，一般仍有部分疏水性氨基酸残基暴露在外表面，形成疏水区。疏水性氨基酸含量高的蛋白质的疏水区大，疏水性强。因此，蛋白质表面由不均匀分布的荷电基团形成的荷电区、亲水区和疏水区构成。

蛋白质的分子量常在 $6 \times 10^3 \sim 1 \times 10^6$ 之间，分子直径约 $1 \sim 30 nm$，其水溶液具有胶体性质。在蛋白质分子周围存在与蛋白质分子紧密或疏松结合的水化层，它是蛋白质形成稳定的胶体溶液、防止蛋白质凝聚沉淀的屏障之一。

蛋白质沉淀的另一屏障是蛋白质分子间的静电排斥作用。偏离等电点的蛋白质所带净电荷或正或负，成为带电粒子，在电解质溶液中吸引相反电荷的离子（简称反离子）。由于离子的热运动，该反离子层并非全部整齐地排列在一个面上，而是距表面由高到低有一定的浓度分布，形成分散双电层。当双电层的电位足够大时，静电排斥作用抵御分子间的相互吸引作用（分子间力），使蛋白质溶液处于稳定状态。

因此，可通过降低蛋白质周围的水化层和双电层厚度来降低蛋白质在溶液中的稳定性，实现蛋白质的沉淀。水化层和双电层厚度与溶液性质（如电解质的种类、浓度、pH等）密切相关，因此，蛋白质的沉淀可采用恒温条件下添加各种不同试剂的方法，如加入无机盐的盐析法、加入酸碱调节溶液pH的等电点沉淀法和加入水溶性有机溶剂的有机溶剂沉淀法等来实现。

二、常用的蛋白质沉淀方法

（一）盐析沉淀

1. 原理

当溶液中的中性盐浓度在0.5mol/L时，可增加蛋白质的溶解度，当盐浓度高于此浓度时，蛋白质溶解度降低而发生沉淀的现象称为盐析。

一般认为，向蛋白质的水溶液中逐渐加入电解质时，开始阶段蛋白质的活度系数降低，并且蛋白质吸附盐离子后，带电表层使蛋白质分子间相互排斥，但蛋白质分子与水分子间的相互作用却加强，因而使蛋白质的溶解度增大，出现盐溶现象。随着离子强度的增大，蛋白质表面的双电层厚度降低，静电排斥作用减弱；同时，由于盐离子的水化作用使蛋白质表面疏水区附近的水化层脱离蛋白质，暴露出疏水区域，从而增大了蛋白质表面疏水区之间的疏水相互作用，容易发生凝集，进而沉淀。所以，一般在蛋白质的溶解度与离子强度的关系曲线上存在最大值，该最大值在较低的离子强度下出现，在高于此离子强度的范围内，溶解度随离子强度的增大迅速降低。

2. 影响沉淀的主要因素

（1）无机盐　在相同的离子强度下，不同种类的盐对蛋白质的盐析效果不同。离子半径小而带电荷较多的阴离子的盐析效果较好。例如，含高价阴离子的盐比低价盐的盐析效果好，即盐析常数大。常见阴离子的盐析作用顺序为：

$$PO_4^{3-}>SO_4^{2-}>CH_3COO^->Cl^->NO_3^->SCN^-$$

常见阳离子的盐析作用顺序为：

$$NH_4^+>K^+>Na^+>Mg^{2+}$$

在选择盐析的无机盐时，除考虑上述各种离子的盐析效果外，对盐还有如下要求：

① 溶解度大，能配制高离子强度的盐溶液；

② 溶解度受温度影响较小；

③ 盐溶液密度不高，以便沉降或离心分离沉淀的蛋白质。

硫酸铵价格便宜、溶解度大且受温度影响很小，具有稳定蛋白质（酶）的作用，因此是最普遍使用的盐析盐。但硫酸铵有如下缺点：硫酸铵为强酸弱碱盐，水解后使溶液pH降低，在高pH下释放氨；硫酸铵的腐蚀性强，后处理困难；残留在食品中的少量的硫酸铵可被人味觉感知，影响食品风味；硫酸铵有毒性，因此在临床医疗最终产品中必须完全除去。除硫酸铵外，硫酸钠和氯化钠也常用于盐析。硫酸钠在40℃以下溶解度较低，主要用于热稳定性高的胞外蛋白质的盐析。

（2）温度和pH值　除盐的种类外，盐析操作的温度和pH是获得理想盐析沉淀分级的重要参数。一般物质的溶解度随温度的升高而增大，但在高离子强度溶液中，升高温度有利于某些蛋白质的失水，因而温度升高，蛋白质的溶解度下降。但是，必须指出，这种现象只在离子强度较高时才出现。在低离子强度溶液或纯水中，蛋白质的溶解度在一定温度范围内一般随温度升高而增大。

在 pH 接近蛋白质等电点的溶液中，蛋白质的溶解度最小，所以调节溶液 pH 在等电点附近有利于提高盐析效果。

因此，蛋白质的盐析沉淀操作须选择合适的 pH 值和温度，使蛋白质的溶解度较小。同时，盐析操作条件要温和，不能引起目标蛋白质的变性。所以，盐析和后述的其他沉淀法一样，需在较低温度下进行，但不像有机溶剂沉淀法那样要求严格。

盐析法的具体操作参见第三章实验十。

(二) 等电点沉淀

蛋白质在 pH 值为其等电点的溶液中净电荷为零，蛋白质之间静电排斥力最小，溶解度最低。利用蛋白质的这一性质进行沉淀分级的方法称为等电点沉淀法。

在上述的盐析沉淀中，一般也要结合等电点沉淀的原理，使盐析操作在等电点附近进行，降低蛋白质的溶解度。但是，利用中性盐进行盐析时，使蛋白质溶解度最低的溶液 pH 值一般略小于蛋白质的等电点。

等电点沉淀的操作条件是：低离子强度，$pH \approx pI$。因此，等电点沉淀操作需在低离子强度下调整溶液 pH 值至等电点，或在等电点的 pH 值下利用透析等方法降低离子强度，使蛋白质沉淀。由于一般蛋白质的等电点多在偏酸性范围内，故等电点沉淀操作中，多通过加入无机酸（如盐酸、磷酸和硫酸等）调节 pH 值。

等电点沉淀法一般适用于疏水性较大的蛋白质（如酪蛋白），而对于亲水性很强的蛋白质（如明胶），由于在水中溶解度较大，在等电点的 pH 值下不易产生沉淀。所以，等电点沉淀法不如盐析沉淀法应用广泛。但该法仍不失为有效的蛋白质初级分离手段。例如，从猪胰脏中提取胰蛋白酶原（pI＝8.9）时，可先于 pH 3.0 左右进行等电点沉淀，除去共存的许多酸性蛋白质（pI＝3.0）。

与盐析法相比，等电点沉淀的优点是无需后续的脱盐操作。但是，如果沉淀操作的 pH 过低，容易引起目标蛋白质的变性。

具体操作参见第三章实验十。

(三) 有机溶剂沉淀

向蛋白质溶液中加入丙酮或乙醇等水溶性有机溶剂，水的活度降低。随着有机溶剂浓度的增大，水对蛋白质分子表面电荷基团或亲水基团的水化程度降低，溶液的介电常数下降，蛋白质分子间的静电引力增大，从而凝聚和沉淀。同等电点沉淀一样，有机溶剂沉淀也是利用同种分子间的相互作用。因此，在低离子强度和等电点附近，沉淀易于生成，或者说所需有机溶剂的量较少。一般来说，蛋白质的分子量越大，有机溶剂沉淀越容易，需要加入的有机溶剂量也越少。

有机溶剂沉淀法的优点是：有机溶剂密度较低，易于沉淀分离；与盐析法相比，沉淀产品不需脱盐处理。但该法容易引起蛋白质变性，必须在低温下进行。另外，应用有机溶剂沉淀时，所选择的有机溶剂应为与水互溶、不与蛋白质发生作用的物质。常用的有丙酮和乙醇。

具体操作参见第三章实验十。

(四) 热沉淀

在较高温度下，热稳定性差的蛋白质将发生变性沉淀，利用这一现象，可根据不同蛋白质热稳定性的差别进行蛋白质的热沉淀，分离纯化热稳定性高的目标产物。

必须指出，热沉淀是一种变性分离法，具有一定的冒险性，使用时需对目标产物和共存杂蛋白的热稳定性有充分的了解。

（五）其他沉淀

非离子型聚合物、聚电解质和某些高价金属离子也可作为蛋白质的沉淀剂。例如，非离子型聚合物聚乙二醇（polyethylene glycol，PEG）是蛋白质稳定剂，也可促进蛋白质的沉淀。其作用机理尚不清楚，一种认为与有机溶剂的作用相似，即降低蛋白质的水化度，增大蛋白质间的静电引力而使蛋白质沉淀；另一种认为是 PEG 的空间排斥作用使蛋白质被迫挤靠在一起而引起沉淀。

聚电解质对蛋白质的沉淀作用机理与絮凝作用类似，在蛋白质间起架桥作用。同时，聚电解质还兼有盐析和降低水化程度的作用。聚电解质的沉淀方法主要应用于酶和食用蛋白的回收，常用于回收食品蛋白的聚电解质有酸性多糖和羧甲基纤维素、海藻酸盐、果胶酸盐和卡拉胶等。

某些金属离子可与蛋白质分子上的某些残基发生相互作用而使蛋白质沉淀。例如，Ca^{2+} 和 Mg^{2+} 能与羧基结合，Mn^{2+} 和 Zn^{2+} 能与羧基、含氮化合物（如胺）以及杂环化合物结合。金属离子沉淀法的优点是可使浓度很低的蛋白质沉淀，沉淀产物中的重金属离子可用离子交换树脂或螯合剂除去。

第三节 / 色谱

一、色谱原理

色谱法（chromatography）是一种以两相间分配或吸附平衡为机理的物理化学分离和分析方法。色谱系统包括两相，即固定相（固相或液相）和流动相（液相或气相）。当流动相流过加有样品的固定相时，由于样品中各组分在理化性质上的微小差别，所受固定相的阻滞作用和受流动相推动作用的影响各不相同，因而各组分在固定相与流动相之间的分配也不相同，从而使混合组分以不同速度移动而达到彼此分离的目的。与一般化学方法相比，色谱法对于许多化学性质相同或相似，很难用萃取、蒸馏等技术分离的复杂混合物，以及相似化合物的异构体、同系物的分离有特效。色谱法具有分离速度快、精确性高、适用范围广、设备简单、操作方便等特点，因此在生化、化工、医药卫生、食品、环境保护等领域得到了广泛的应用。

色谱法从发明至今已有一个多世纪的历史。1903 年俄国科学家 Tswett 首先使用色谱法分离植物色素，他向填充碳酸钙的柱中加入植物色素的萃取液，接着用石油醚淋洗，发现柱内有数条相互分离的连续色带产生，于是将这种连续色带称为色层或色谱，用 chroma（色彩）和 graphs（图谱）构成色谱一词，色谱法由此而得名，色谱技术也逐渐被广泛应用于各种有机、无机化合物的分析与分离。色谱法目前已发展出许多类型。随着计算机、光谱技术的广泛应用，色谱法使用的仪器也由最简单的自制组合装置发展成各种现代化、全自动并带数据处理系统的色谱仪，并具有更高的灵敏度和精确性。色谱技术可同时实现物质分离和分析，因此这种方法已成为纯化和鉴定化合物的一种重要手段。

色谱法有若干种类，如气相色谱、液相色谱、柱状色谱、开床式滤纸色谱、薄层色谱以及分配色谱、吸附色谱、离子交换色谱、凝胶过滤色谱等。各种色谱的原理和特性列于表 2-1 中。

表 2-1　各种色谱法的原理和特性

名称	原理	床形式	固定相	流动相	载体
吸附色谱	疏水力和静电引力	柱状	固体	液体	硅胶、氧化铝、疏水性吸附剂
分配色谱	溶解度	柱状	液体	液体	纤维素、硅藻土、硅胶
离子交换色谱	离子间静电力	柱状	固体	液体	交换树脂
亲和色谱	亲和力	柱状	固体	液体	键合配基的葡聚糖和琼脂糖
凝胶色谱	尺寸排阻效应	柱状	液体	液体	交联葡聚糖、交联琼脂糖
聚焦色谱	电荷效应及离子间静电力	柱状	固体	液体	多缓冲离子交换剂
高效液相色谱	随固定相基质的变化而变化	柱状	固体	液体	吸附剂、离子交换剂、亲和吸附剂
气相色谱	疏水力和静电引力	柱状	固体	气体	吸附剂或有机溶剂液膜
纸色谱	溶解度	滤纸	液体	液体	滤纸

二、几种常见的色谱法

（一）吸附色谱

待分离混合物中的溶质随流动相经过由吸附剂组成的固定相时，由于吸附剂对不同溶质的吸附力不同，混合物中的溶质在固定相上发生不同程度的吸附，使各溶质以不同的速度随流动相移动，从而达到分离的目的。在柱状色谱中，色谱柱内装填适当的吸附剂，将混合物加到色谱柱上端后以一定的流速通入适当的洗脱剂（流动相）。洗脱剂向下流动的过程中，混合物中的各个溶质由于在固定相上的吸附平衡行为不同，具有不同的移动速度，随着洗脱时间的推移而逐渐分开，最后以彼此分离的色谱带出现在色谱柱出口，通过检测器可检测到各色谱带的浓度分布曲线（色谱峰）。吸附作用弱的物质移动速度快，洗脱时间短；吸附作用强的物质移动速度慢，洗脱时间长。吸附的强弱主要与吸附剂和被吸附物质的性质有关。在吸附色谱中固定相主要是颗粒状的吸附剂，在吸附剂表面存在着许多随机分布的吸附位点，这些位点通过范德华力、静电引力、疏水作用和配位键等作用力与溶质分子结合。

吸附色谱的关键是吸附剂（固定相）和洗脱剂（流动相）的选择。吸附剂应具有表面积大、颗粒均匀、吸附选择性好、稳定性高、成本低等特点。普通吸附剂根据吸附能力的强弱可分三类。

① 弱吸附剂　如蔗糖、淀粉等。

② 中等吸附剂　如碳酸钙、磷酸钙、熟石灰、硅胶等。

③ 强吸附剂　如氧化铝、活性炭、硅藻土等。

根据相似相溶原理，极性强的吸附剂易吸附极性强的物质，非极性吸附剂易吸附非极性的物质。但为了便于解吸附，对于极性强的物质通常选用极性弱的吸附剂进行吸附。对于一定的待分离系统，需通过实验确定合适的吸附剂。

洗脱剂应具备黏度小、纯度高、不与吸附剂或吸附物起化学反应、易与目标分子分离等特点。洗脱剂的洗脱能力与介电常数有关，介电常数越大，其洗脱能力也越大。对于上述吸附剂，常用的洗脱剂介电常数的大小依次为：

$$乙烷＞苯＞乙醚＞氯仿＞乙酸乙酯＞丙酮＞乙醇＞甲醇$$

除上述吸附剂外，蛋白质的吸附分离还常用疏水性吸附剂和亲和吸附剂。

疏水性吸附剂表面键合有弱疏水性基团（例如，琼脂糖凝胶表面键合苯基、辛基和丁基等）。疏水性吸附色谱是根据蛋白质与疏水性吸附剂之间的弱疏水性相互作用的差别，进行蛋白质类生物大分子分离纯化的色谱法。亲水性蛋白质表面均含有一定量的疏水性基团，疏水性氨基酸（如苯丙氨酸等）含量较多的蛋白质疏水性基团多，疏水性也大。在水溶液中，尽管蛋白质具有将疏水性基团折叠在分子内部而表面显露极性和荷电基团的作用，但总有一些疏水性基团或极性基团的疏水部位暴露在蛋白质表面。这部分表面疏水基团可与亲水性固定相表面偶联的短链烷基、苯基等弱疏水基发生疏水性相互作用，被疏水性吸附剂所吸附。根据蛋白质盐析沉淀原理，在离子强度较高的盐溶液中，蛋白质表面疏水部位的水化层被破坏，裸露出疏水部位，疏水性相互作用增大。所以，蛋白质在疏水性吸附剂上的吸附平衡系数随流动相盐浓度（离子强度）的提高而增大。因此，蛋白质的疏水性吸附需在高浓度盐溶液中进行，洗脱则主要采用线性（或逐次）降低流动相离子强度的梯度洗脱法。

亲和色谱是利用键合亲和配基的亲和吸附剂为固定相。常用的亲和配基有抗体、酶抑制剂和植物凝集素等，它们可分别选择性吸附该抗体的抗原、酶和糖蛋白。亲和吸附具有高度的选择性，因此，亲和色谱是一种分辨率最好的吸附色谱法。亲和色谱一般采用线性梯度洗脱或逐次洗脱法，洗脱剂需根据具体的亲和吸附系统（配基和蛋白质）来确定。

（二）分配色谱

分配色谱是以惰性支持物如滤纸、纤维素、硅胶等材料结合的液体为固定相，以沿着支持物移动的有机溶剂为流动相构成的色谱系统。分配色谱是根据溶质在不同溶剂系统中分配系数的不同而使物质分离的一种方法。分配系数是指一种溶质在两种互不相溶的溶剂系统中达到分配平衡时，该溶质在两相（固定相和流动相）中的浓度比，用 K 表示。

$$K = \frac{物质在固定相中的浓度}{物质在流动相中的浓度} \tag{2-1}$$

在分配色谱中应用最广泛的是纸上分配色谱，下面对纸色谱做简单介绍。

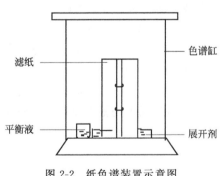

图 2-2　纸色谱装置示意图

1944 年，生物化学家以滤纸为惰性支持物，以茚三酮为显色剂，建立了微量而简便的分离蛋白质水解液中氨基酸的方法。后来发现糖类、核苷酸、甾体激素、维生素、抗生素等物质也都能用纸色谱法进行分离。目前，纸色谱法已成为一种常用的生化分离分析方法。图 2-2 为纸色谱装置示意图。装置主要由色谱缸、滤纸和展开剂组成。

滤纸是理想的支持介质，滤纸纤维中的羟基具有亲水性，能和水以氢键相连，能吸附 22% 左右的水，而滤纸纤维与有机溶剂的亲和力较弱，因此滤纸上吸附的水可作为固定相。在色谱过程中通过毛细作用沿着滤纸流动的有机溶剂（流动相）流过色谱点时，色谱点的溶质就在水相和有机相之间进行分配，一部分溶质离开原点随有机相移动而进入无溶质区域，另一部分溶质从有机相进入水相。当有机相不断流动时，溶质也就不断进行分配。溶质在有机相中溶解度越大，则在纸上随流动相移动速度越快。溶质在纸上的移动速率可用迁移率 R_f 值来表示：

$$R_f = \frac{\text{原点到色谱点中心的距离}}{\text{原点到溶剂前沿的距离}} \tag{2-2}$$

R_f 值主要决定于被分离物质在两相间的分配系数。在同一条件下 R_f 值是一个常数，不同物质的 R_f 值不同，这一性质可作为混合物分离鉴定的依据。R_f 值受分离物的结构、流动相组成、pH 值、温度、滤纸性质等多种因素的影响。

纸色谱的具体操作参见第三章实验七。

（三）薄层色谱

薄层色谱是以均匀涂布于玻璃板上的薄层基质为固定相，以液体为流动相的一种色谱技术。由于色谱在薄板上进行，故名薄层色谱。薄层色谱可根据固定相的种类不同分为吸附薄层色谱、离子交换薄层色谱和凝胶过滤薄层色谱，各色谱原理分别与吸附柱色谱、分配色谱、离子交换色谱相同。薄层色谱具有操作方便、设备简单、展层时间短、温度变化和溶剂饱和度影响小、灵敏度高等优点，适用于微量样品分析（小到 0.01mg）。它不仅可用腐蚀性显色剂显色，还可利用在支持物中加荧光染料进行鉴别。目前，薄层色谱已在生物化学、医药卫生、化工、农药生产等领域得到了广泛应用，成为一种常用的生化分析方法。图 2-3 为薄层色谱实验装置图。

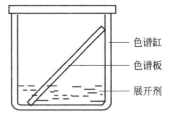

图 2-3　薄层色谱装置示意图

（色谱缸　色谱板　展开剂）

薄层色谱的操作步骤有：制板、点样、展开、显色、R_f 值测定和结果分析等。下面以以硅胶为吸附剂的薄层色谱为例来说明其操作过程。

1. 样板的制备

将固定支持物均匀地涂布在玻璃板上，形成薄层，此过程为制板。使用的玻璃板必须光滑，并用洗液洗净（如有油渍，可用 95% 乙醇擦洗干净）。可采用 6cm×20cm 或 4cm×20cm 的长方形玻璃板，以及 20cm×20cm 或 10cm×10cm 的正方形玻璃板。制板方法有两种：一种不加胶黏剂，将吸附剂直接涂到玻璃板上，称为软板；另一种是加胶黏剂，将吸附剂调成糊状涂板并干燥后使用，称为硬板。具体方法如下：

称取一定量硅胶，加 2～3 倍体积的水，在研钵中充分研磨至光洁呈凝胶状，立即倒在玻璃板上，用下列方法涂布：

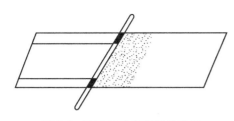

图 2-4　玻璃棒涂布制板示意图

（1）玻璃棒涂布法　在一根玻璃棒的两端绕几圈胶布，将玻璃棒压在玻璃板上，将支持物向一个方向推动，即可涂为薄层（图 2-4）。

（2）有机玻璃尺涂布法　在欲涂薄层的玻璃板两旁各放一块高 1mm 的玻璃板，把调好的吸附剂倒在中间板上，然后用尺压在两块玻璃板上向一个方向推。

制好的薄板要放入 105℃ 的烘箱中干燥 1～2h，进行活化。活化过程中要尽量避免突然升温和降温操作，否则薄层在展层过程中易脱落。

2. 展层

将样品点在薄板上，将点好样的薄板置于密闭容器中，容器内预先放好展层剂使其达到饱和。薄层色谱的展开方式与纸色谱一致，可以是上行或下行。

3. 鉴定

展层结束后，将样品烘干，喷洒适当的显色剂或放于紫外灯下进行荧光显色。如果要准确测定样品中某组分的含量或要收集样品，则在展开后将该组分的斑点连同吸附剂一起刮下，然后将该组分从吸附剂上洗脱下来，收集洗脱液进行定量测定。

（四）凝胶色谱

凝胶色谱法也叫凝胶过滤色谱法，是 20 世纪 60 年代发展起来的一种简便有效的生化物质分离方法。凝胶过滤又叫分子筛色谱。分子筛指的是多孔介质，这种介质具有立体网状结构，内部充满孔隙，孔径虽大小不一，但有一定范围。当含有不同分子量溶质的混合物流经这一介质时，小分子物质能进入介质内部空隙，而大分子物质被排阻在介质之外。这样，不同分子量的溶质分子在凝胶色谱过程中的移动速度不同，从而得到色谱分离。

可作为凝胶过滤的介质很多，如交联葡聚糖（商品名 Sephadex）、交联琼脂糖（商品名 Sepharose）、聚丙烯酰胺凝胶等。下面以葡聚糖为例说明凝胶色谱的基本原理。

交联葡聚糖是细菌葡聚糖（右旋糖苷）（Dextran）通过交联剂环氧氯丙烷交联而成的具有三维空间的网状结构物。在合成凝胶时，如控制葡聚糖和交联剂的配比，即可以获得具有不同孔径范围的葡聚糖凝胶。交联葡聚糖凝胶含有大量的羟基，极性强、易吸水，使用前必须用水溶液进行充分的溶胀处理。交联度越大（Sephadex 系列凝胶的 G 值小），孔径越小，吸水量也就越小。

将经过充分溶胀处理的凝胶装柱，再将含有不同分子量溶质的样品液上柱，并用同一溶剂洗脱展开，就可实现各溶质的分离。如上所述，凝胶色谱是根据凝胶介质对分子量不同的溶质分子产生的不同排阻作用而达到分离目的。凝胶对溶质的排阻程度可用分配系数 K_{av} 表示：

$$K_{av} = \frac{V_e - V_0}{V_t - V_0} \tag{2-3}$$

式中，V_t 为凝胶柱的总体积；V_0 为柱的空隙体积或外水体积；V_e 为溶质的洗脱体积。

在一定的色谱条件下 V_t 和 V_0 的值都是一定的，而 V_e 的值随溶质分子量的变化而变化。小分子物质能够进入凝胶的大部分孔隙中，因此分配系数大，洗脱体积 V_e 值大；大分子溶质仅能进入凝胶内的部分尺寸较大的孔隙，因此分配系数较小，洗脱体积 V_e 值也小；分子量很大的溶质可被完全排阻在凝胶之外，分配系数为零，洗脱体积 V_e 就等于柱的空隙体积 V_0。完全不能扩散进入凝胶内部的最小分子的分子量，称为凝胶的排阻极限。不同凝胶的排阻极限不同，Sephadex G 系列凝胶中，G 值越大，排阻极限越大。常用的凝胶及其特性见附录五。

（五）离子交换色谱

离子交换色谱是最常用的色谱方法之一。它是在以离子交换剂为固定相，液体为流动相的系统中进行的。离子交换剂主要由惰性基质（如苯乙烯和二乙烯苯聚合物、琼脂糖凝胶等）和键合在基质表面的荷电基团和反离子构成。离子交换剂不溶于水和有机溶剂，在水中能释放反离子。离子交换剂基质是一种不溶性的高分子聚合物，具有特殊的网状或多孔结构。离子交换剂分阳离子交换剂和阴离子交换剂两种。

阳离子交换剂的荷电基团为酸性，带负电荷，反离子为正电荷。这种交换剂可以与溶液中带正电荷的化合物或阳离子发生离子交换反应。根据离子交换剂所带电荷的强弱，又可将阳离子交换剂分为强酸型（如磺酸基）、中强酸型（如磷酸基）和弱酸型（如羧甲基）树脂。阴离子交换剂的荷电基团为碱性，带正电荷，反离子为负电荷。这种交换剂可以与溶液中的带负电荷的化合物或阴离子发生离子交换反应。同样，阴离子交换剂也可分为强碱型〔如季铵基—$N(CH_3)_3$〕、中强碱型（如二乙胺乙基）和弱碱型（如仲胺基—$NHCH_3$、氨基）树脂。

典型的离子交换反应式如下：

阳离子交换反应：$\qquad R{—}SO_3^- H^+ + Na^+ \longrightarrow R{—}SO_3^- Na^+ + H^+$　　　　(2-4)

阴离子交换反应：$\quad R{—}N^+(CH_3)_3OH^- + Cl^- \longrightarrow R{—}N^+(CH_3)_3Cl^- + OH^-$　(2-5)

根据离子交换剂的基质组成和性质，可将基质分为两类。

1. 疏水性离子交换剂

疏水性离子交换剂的基质是一种人工合成的、与水亲和力较小的树脂。常用的基质是苯乙烯和二乙烯苯的聚合物。该树脂中二乙烯苯的含量决定了树脂的交联度大小。

2. 亲水性离子交换剂

亲水性离子交换剂中的基质是一类天然的或人工合成的与水亲和力较大的物质。常用的有纤维素、交联葡聚糖和交联琼脂糖。

对于一个具体的分离物系，选择离子交换剂的主要依据是分离物系的种类和性质。通常分离小分子物质可采用以苯乙烯和二乙烯苯的聚合物为基质的离子交换树脂。对于核酸和蛋白质等生物大分子，应选用亲水性基质的离子交换剂，如纤维素类、交联葡聚糖和交联琼脂糖等。

离子交换剂在使用前需要进行处理。首先用水浸泡使之充分溶胀，然后加酸、碱处理除去水不溶性杂质。另外，使用前离子交换剂还要进行转型处理，即使树脂带上某种反离子。阳离子交换剂可处理成 Na^+ 型、NH_4^+ 型或 H^+ 型，阴离子交换剂可处理成 Cl^- 型或 OH^- 型。常见的离子交换剂参见附录五。

离子交换色谱实验的操作参见第三章实验八。

（六）高效液相色谱

高效液相色谱（high performance liquid chromatography，HPLC）又称高压液相色谱或高分离度液相色谱，该技术是在 20 世纪 60 年代中期吸收了普通液相色谱和气相色谱的优点，经过适当改进发展起来的。到 20 世纪 70 年代中期，随着计算机技术的应用，仪器的自动化水平和分析精度得到了进一步提高。与经典液相色谱和气相色谱相比，HPLC 具有分离性能高、速度快、检测灵敏度高、应用范围广等特点。它不仅适用于很多高沸点、大分子、强极性、热稳定性差的物质的定性分析，而且也适用于上述物质的制备和分离。因而广泛应用于生命科学、化学化工、医药卫生、环境科学、食品、保健等各个领域。

高效液相色谱按其固定相的性质可分为高效凝胶色谱、液固吸附色谱、疏水性液相色谱、反相液相色谱、高效亲和液相色谱、高效聚焦液相色谱等类型。

高效液相色谱装置主要由高压泵、色谱柱、进样器、检测器、温度控制器、记录仪数据处理装置等部分组成（如图 2-5 所示）。

其中最关键的是色谱柱、高压泵和检测

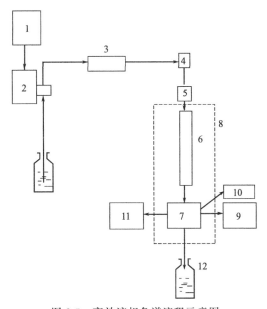

图 2-5　高效液相色谱流程示意图

1—溶剂储槽；2—泵；3—压力、流量测量器；
4—进样阀（器）；5—保护柱；6—色谱柱；
7—检测器；8—温控设备；9—数据处理设备；
10—记录仪；11—分馏收集器；
12—废液瓶

器三部分。现对这三部分做简单的介绍：

1. 高压泵

高压泵是高效液相色谱的主要元件之一。高压泵的主要作用就是保证流动相以稳定的流量流过色谱柱。因此对泵有以下要求。

① 流量稳定　因为流量不稳定不仅会造成记录仪基线波动，还会改变各组分的保留时间，产生较大的误差。对于 4~5mm 的常规色谱柱，最常用的流量范围是 0.5~2.0mL/min。

② 耐高压　一般最大的压力范围是 15~50Pa。

③ 耐腐蚀　泵必须对各种试剂具有耐腐蚀性，因此泵通常用优质不锈钢或陶瓷制成。

④ 泵的死体积要小。

2. 色谱柱

色谱柱是高效液相色谱仪最重要的元件。而柱中填料又是色谱的核心部分，它是影响分离、分析效果的决定性因素，因此在选择填料时要根据待测样品的性质与填料的性能选择最佳的填料。填料一般分为：吸附型、分配型、离子交换型和凝胶过滤型等。目前市售的填料种类繁多，使用者可根据不同的需要查找和购买不同厂商的产品。

色谱柱通常要能耐高压、耐化学腐蚀，因此一般是由不锈钢或耐高压玻璃制成的直形柱。要根据不同的分离分析要求，采用不同规格的柱子。最常用的是内径为 2~5mm、长为 10~30cm，采用高压匀浆装柱技术将 5~10μm 的高效微粒固定相填充入不锈钢管柱。

3. 检测器

被分析组分从柱内流出时溶液的浓度变化可通过检测器转化为光学或电学信号而被检出。因此检测器性能的好坏直接关系到分析结果的可靠性与准确性。一个理想的检测器应具备灵敏度高、稳定性好、适用范围广等特点。最常用的检测器有以下几种。

（1）紫外吸收检测器　紫外吸收检测器是目前应用最广的一种检测器，对于具有紫外吸收作用的样品组分均可检测。这种检测器的灵敏度很高，可用于检测紫外吸收很低的样品。紫外吸收检测器使用最多的波长在近紫外区，通常选取易于获得的 280nm 和 254nm 波长，其光源是低压或中压汞灯。有的紫外检测器是间断可调式或连续可调式，可选取 200~400nm 整个区域的波长，选用氢灯或氙灯为光源。有些检测器还可用钨灯作为光源，检测 400~600nm 的可见光。

（2）示差检测器　示差检测器是一种通用的检测器，它是根据光的折射原理设计的。当流动相中有溶质时，流动相的折射率就会发生变化。稀溶液的折射率等于溶剂（洗脱剂）和溶质（样品）各自的折射率乘以各自的物质的量浓度之和。溶有样品的流动相和流动相本身之间的折射率之差即表示样品在流动相中的浓度。示差检测器的灵敏度比紫外检测器低，但在适当的条件下能检测到 3μg/mL 的样品。现有的示差检测器可分为偏转式、反射式和干涉式三种。

（3）荧光检测器　许多化合物特别是生化物质如维生素、激素、酶等被入射的紫外线照射后，吸收能量，电子由基态的最低振动能级跃迁至激发态的高能级。由于振动中的能量损失，回到激发态的最低振动能级，最后到基态的任何振动能级，同时发射出比原来频率低、波长长的荧光。荧光的波长要比化合物分子吸收的紫外光长，通常在可见光范围。某些物质虽不能产生荧光，但含有适当的官能团可与荧光试剂发生衍生反应，生成荧光衍生物，也可被荧光检测器检测到。荧光检测器具有极高的灵敏度和良好的选择性，因此在生化分析中被广泛应用。有关荧光检测技术将在本章第七节中详述。

（4）电化学检测器　电化学检测器主要用于那些没有紫外吸收或不能发出荧光但具有电

活性的物质，目前已发展出了电导、库仑、极谱和光电导等不同类型的电化学检测器。

4. 液相色谱的具体操作

（1）流动相的预处理　高效液相色谱对于流动相的纯度要求较高。流动相使用的有机溶剂均要求使用色谱纯的试剂；水要使用二次蒸馏水或超纯水；盐类物质要使用优级纯试剂，要在使用前经过重结晶。各种试剂在使用前均要经过脱气处理，挥发性有机溶剂常采用超声波振荡脱气，一般处理时间为30min。对于水或缓冲液常采用抽真空脱气，即将流动相倒入装有微孔滤膜的玻璃漏斗中，再将抽滤瓶与真空泵连接，抽真空脱气。

（2）柱平衡　在进样前，必须用流动相充分冲洗色谱柱，待流出液经过检测器证明柱内残留杂质全部除尽，即流出液的基线稳定后，方能进样。

（3）进样　用微量注射器吸取样品3～5μL，将样品注入进样阀内。进样完毕后，用流动相清洗注射器，准备下一次进样。

（4）洗脱　进样后洗脱条件按预定的程序进行，即：①每次操作所需的时间；②洗脱液的组分及对形成梯度的要求；③流动相的流速。

（5）检测及取样　在洗脱过程中，随着流动相的流动，待测样品即可在不同时间流出色谱柱，这时根据检测器的检测结果分析并收集样品。

（6）色谱柱的清洗及保存　当使用完毕后，应用溶剂彻底清洗色谱柱。

第四节 / 电泳

电泳是带电颗粒在电场作用下，向着与其电性相反的电极移动的现象。电泳技术起源于19世纪初。20世纪40年代以后，各种类型的电泳技术发展十分迅速。例如纸电泳、醋酸纤维素薄膜电泳、琼脂糖凝胶电泳、聚丙烯酰胺凝胶电泳、等电聚焦电泳等。电泳法虽种类繁多，但其基本原理却是一致的，归纳起来电泳法可分为三类。

① 显微电泳　即直接用显微镜观察细胞等颗粒物质电泳行为的过程。

② 自由界面电泳　使被分离的胶体溶液和缓冲液之间形成清晰的界面，然后加一电场，在电场力的作用下可以观察到界面移动的现象。最简单的自由界面电泳是在U形管中进行的。在U形管中加入一定量的带色胶体溶液，如血红蛋白溶液，然后在U形管两端注入等量的稀电解质溶液，使其与胶体形成明显界面。接着在此管两端放入铂电极，通直流电，即可看到U形管一端溶液的界面上升，而另一端溶液的界面下降。这是胶体颗粒在电场中运动的结果。

③ 区带电泳　区带电泳是将样品点在惰性支持物上，加电场发生电泳后，混合样品中的各个成分即可形成各自的带状区间，故称为区带电泳或区域电泳。区带电泳具有设备简单、操作方便、灵敏度和分辨率高等优点，被广泛应用于生物化学检验、临床医学等方面。根据支持物的不同，可将区带电泳分为琼脂糖凝胶电泳、聚丙烯酰胺凝胶电泳、醋酸纤维素薄膜电泳等多种形式的电泳。

一、电泳法的基本原理

一个带电颗粒在电场中所受力的大小 F 取决于颗粒所带电荷量 q 和电场强度 E，即：

$$F = qE \tag{2-6}$$

由于电场力的作用，带电颗粒向一定方向泳动。另外，在溶液中运动的颗粒还受到流体黏性阻力 F' 的作用，F' 的方向与 F 相反。根据斯托克斯（Stokes）理论，黏性阻力的大小取决于带电颗粒的尺寸、形状及其所处流体黏度 η、运动速度 v，对于球形颗粒：

$$F' = 6\pi r \eta v \tag{2-7}$$

当颗粒运动达到动态平衡时 $F = F'$，所以

$$v = \frac{qE}{6\pi r \eta} \tag{2-8}$$

或

$$v = uE \tag{2-9}$$

式中，v 为达到匀速泳动时的电泳速度，简称电泳速度；u 为电泳迁移率，即单位电场强度下的电泳速度。从式(2-8) 可知，性质不同的带电颗粒的电泳速度是不同的。这就是电泳分离的基本原理。

在具体电泳实验中，速度 v 可用单位时间（t）内移动的距离 d 来表示，即

$$v = \frac{d}{t} \tag{2-10}$$

由于电场强度为

$$E = \frac{U}{L} \tag{2-11}$$

式中，U 为加在两极的电压，V；L 为两电极间的距离，cm。所以，根据式(2-9)～式(2-11)，可得颗粒的电泳迁移率为

$$u = \frac{dL}{Ut} \tag{2-12}$$

在一定条件下任何带电颗粒都有自己特定的电泳迁移率。影响电泳迁移率的因素有颗粒性质、电场强度和溶液性质等。

（一）颗粒性质

颗粒大小、形状以及所带静电荷的多少对电泳迁移率影响很大。一般来说，颗粒所带静电荷越多、粒子越小而且越接近球形时，电泳迁移率就越大。

（二）电场强度

电场强度指单位长度的电位降，即电势强度。由式(2-8)可知，电场强度越高，带电颗粒的电泳速度就越快。根据电场强度大小，可将电泳分为常压电泳和高压电泳。常压电泳的电场强度一般为 $2\sim10\mathrm{V/cm}$，电泳分离时间较长。高压电泳的电场强度大约为 $20\sim200\mathrm{V/cm}$，电泳速度快，电泳时间短，有时仅需几分钟。

（三）溶液的性质

① pH 值 溶液的 pH 值决定带电颗粒的解离程度，即决定了带电颗粒所带电荷的多少。对蛋白质和氨基酸而言，溶液的 pH 离等电点越远，其所带净电荷的量就越大，电泳速度也就越快，反之则越慢。为了使电泳过程中溶液的 pH 保持恒定，宜选用缓冲溶液。

② 离子强度 离子强度代表所有类型的离子所产生的静电力，它取决于离子电荷的总

数。若离子强度过高，带电离子能把溶液中与其电荷相反的离子吸引在自己周围形成离子扩散层，导致颗粒所带净电荷量减少，电泳速度降低。

③ 溶液黏度 由式(2-8) 可知，电泳速度与溶液黏度成反比，因此黏度越大，电泳速度越小。

④ 电渗 因为支持物（如琼脂糖、醋酸纤维素膜等）不是绝对的惰性物质，可吸附溶液中的阳离子或阴离子，使靠近支持物的溶液相对带电，从而引起电场中溶液层的移动，这种现象称为电渗现象。例如在做纸上电泳时，由于滤纸吸附 OH^- 而带负电荷。根据电中性原理，与纸相接触的水溶液则带正电荷，在电场中溶液便向负极移动，从而影响带电颗粒的正常泳动。如果颗粒泳动的方向与电渗方向一致，则泳动速度加快；如果颗粒泳动的方向与电渗方向相反，则泳动速度降低。为避免电渗现象，应尽量选择电渗作用小的支持物。

二、几种常用电泳法简介

(一) 纸电泳

纸电泳是用滤纸作支持物的一种电泳技术，用于氨基酸和多肽物质的分离。电泳装置包括电泳槽和电泳仪两部分。最常用的电泳槽是水平电泳槽，包括电极、缓冲液、液槽、电泳介质以及冷凝槽、透明罩等。电泳仪可提供电源电势，它与电泳槽的两个电极柱相连，在电泳槽两端加上了一个稳定的电场。纸电泳分低压电泳和高压电泳两种。低压电泳电压一般为 $100\sim600V$，高压电泳电压一般为 $500\sim1000V$。

实验时，将电泳槽洗净、晾干、放平，然后在两个电泳槽中倒入缓冲液，使两液面平行，将滤纸条一端浸入缓冲液，另一端搭在电泳槽支架上。将滤纸剪成适当尺寸（通常 $2\sim3cm$）搭在滤纸条上，接通电泳仪电源，调节到一定的电压，即可进行电泳。电泳时间根据样品的性质而定。在做高压电泳时，为防止温度升高引起样品变性，在电泳过程中要通冷凝水。电泳完毕，切断电流，在滤纸与溶液界面处划上记号，以便计算滤纸的有效长度。然后将滤纸平铺在玻璃板上，置于 $70℃$ 左右的烘箱烘干。烘干后的滤纸按不同的方法进行显色测定。

(二) 醋酸纤维素薄膜电泳

醋酸纤维素薄膜电泳即采用醋酸纤维素薄膜作为支持物的电泳方法。醋酸纤维素薄膜是将纤维素的羟基乙酰化形成纤维素酯，然后将其溶于有机溶剂后涂抹成均匀的薄膜，干燥后就成为醋酸纤维素膜。由于纤维素的羟基被乙酰化，它对各种蛋白质几乎没有吸附作用，因此基本上没有拖尾现象产生，可将不同样品分离成为一条一条明显的细带，分辨率较高。

醋酸纤维素薄膜是在纸电泳的基础上发展而来的，与纸电泳相比有以下优点：分离速度快；分离所需的样品少；醋酸纤维素薄膜可做成透明膜，可在定量扫描时减少误差；易溶于一定的溶剂中，所以分离后的物质易从膜上洗脱下来。但其缺点是：膜不易吸水，随着水分的蒸发膜逐渐变干，所以在使用时，槽内需被水蒸气所饱和，且电流强度要小。此外，醋酸纤维素薄膜在使用之前，必须用缓冲液预先浸泡。具体实验见第三章实验十五。

(三) 琼脂糖凝胶电泳

琼脂糖凝胶电泳是用琼脂糖或优质琼脂粉作支持物的电泳方法。这种方法用于研究核酸等大分子物质效果较好，因此已成为分子生物学研究工作中不可缺少的工具之一。这类电泳具有凝胶含水量大（$98\%\sim99\%$）、近似自由界面电泳，受固体支持物影响小，电泳区带整齐，分辨率高，电泳速度快，可用紫外检测仪测定等优点。琼脂糖是由琼脂经过反复洗涤除去含硫酸根的多糖之后制成的，其具有亲水性且不含带电荷的基团，因此无明显电渗现象，是较为理想的凝胶电泳材料。具体实验见第三章实验二十。

(四) 聚丙烯酰胺凝胶电泳

聚丙烯酰胺凝胶电泳（PAGE）是以聚丙烯酰胺凝胶作为支持物的一种电泳方法。聚丙烯酰胺凝胶是以单体丙烯酰胺（Acr）和亚甲基双丙烯酰胺（Bis）为材料，在催化剂作用下，聚合为含酰胺基侧链的脂肪族长链，在相邻长链间通过亚甲基桥连接而成的三维网状结构。其孔径大小是由 Acr 和 Bis 在凝胶中的总浓度（T）、Bis 占总浓度的比例（C）及交联度决定的。一般而言，浓度及交联度越大，孔径越小。聚丙烯酰胺聚合反应需要有催化剂催化方能完成。常用的催化剂有化学催化剂和光化学催化剂。化学催化剂一般是以过硫酸铵（AP）、四甲基乙二胺（TEMED）作为加速剂。当在 Acr、Bis 和 TEMED 溶液中加入过硫酸铵时，过硫酸铵即产生自由基，丙烯酰胺与自由基作用后，随即被"活化"，活化的丙烯酰胺在交联剂 Bis 存在下形成凝胶。聚合的初速度与过硫酸铵浓度的平方根成正比。这种催化系统需要在碱性条件下进行，例如在 pH8.8 条件下，7％的丙烯酰胺需 30min 就能聚合完全，而在 pH 4.3 时，则需 90min 才能完成。温度、氧分子、杂质都会影响聚合速度。通常在室温下就能很快聚合，温度升高，聚合加快。有氧或杂质存在时则降低聚合速度，因此在聚合前，将溶液分别抽气，可消除上述影响。光聚合反应的催化剂是核黄素，光聚合过程是一个光激发的催化反应过程。在氧及紫外线作用下，核黄素生成含自由基的产物，自由基的作用与前述过硫酸铵相同。光聚合反应通常将反应混合液置于荧光灯旁，即可发生反应。用核黄素催化反应时，可不加 TEMED，但加入 TEMED 后会使聚合速度加快，核黄素催化剂的优点是用量极少（1mg/100mL），对所分析样品无任何影响。聚合作用可以控制，改变光照时间和强度，可使催化作用延迟或加速。光聚合作用的缺点是凝胶呈乳白色，透明度较差。

聚丙烯酰胺凝胶系统可分为连续和不连续电泳系统。连续系统是指电泳槽中的缓冲系统和 pH 值与凝胶中的相同。不连续系统是指电泳槽中缓冲系统的 pH 值与凝胶中的不同。一般不连续系统的分辨率较高，因此目前生化实验室广泛采用不连续电泳。不连续电泳过程有三种效应。除一般电泳都具备的电荷效应外，还具有浓缩效应和分子筛效应。

(1) 浓缩效应　由于电泳基质的不连续，样品在浓缩层中得以浓缩，然后到达分离层得以分离。具体表现如下。

① 凝胶层的不连续性　电泳凝胶分两层，上层是大孔径的样品胶和浓缩胶（凝胶浓度低），下层为小孔径的分离胶（凝胶浓度高）。蛋白质分子在大孔径胶中受到的阻力小，移动速度快。进入小孔径胶后受到的阻力大，移动速度减慢。

② 缓冲液离子成分的不连续性　在缓冲体系中存在三种不同的离子，第一种离子在电场中具有较大的迁移率，在电泳中走在最前面，这种离子称为前导离子（leading ion）；另一种与前导离子带有相同的电荷，但迁移率较小的离子称为尾随离子（tracking ion）；第三种是和前两种带有相反电荷的离子，称为缓冲平衡离子（buffer counter ion）。前导离子只存在于凝胶中，尾随离子只存在于电极缓冲液中，而在凝胶和缓冲液中均含有缓冲平衡离子。例如分离蛋白质样品时，氯离子（Cl^-）为前导离子，甘氨酸离子（$NH_2CH_2COO^-$）为尾随离子，三羟甲基氨基甲烷（Tris）为缓冲平衡离子。电泳开始后，在样品胶和电极缓冲液间的界面上，前导离子很快地离开了尾随离子向下迁移，由于选择适当的 pH 缓冲液，蛋白质样品的有效迁移距离介于前导离子与尾随离子的界面处，从而被浓缩成为极窄的区带。

③ 电位梯度的不连续性　电位梯度的高低影响电泳速度，电泳开始后，由于前导离子

的迁移率最大，在其后边就形成一个低离子浓度的区域即低电导区。电导与电位梯度成反比：

$$E = \frac{I}{k_e} \tag{2-13}$$

式中，E 为电位梯度；I 为电流强度；k_e 为电导率。

因此，这种低电导区就产生了较高的电位梯度，这种高电位梯度使蛋白质和尾随离子在前导离子后面加速移动，因而在高电位梯度和低电位梯度之间形成了一个迅速移动的界面。由于样品的有效迁移率介于前导离子和尾随离子之间，因此也就聚集在这个移动的界面附近，被浓缩成一狭小的样品薄层。

④ pH 的不连续性　在样品胶和浓缩胶之间具有 pH 值的不连续性，这是为了控制尾随离子的解离，从而控制其迁移率，使尾随离子的迁移率低于所有被分离样品的迁移率，以使样品夹在前导和尾随离子之间而被浓缩。一般样品胶的 pH 值是 8.3，浓缩胶的 pH 值为 6.8。

（2）电荷效应　蛋白质混合物在界面处被高度浓缩，堆积成层，形成一个狭小的高度浓缩的蛋白质区。但由于每种蛋白质分子所载的有效电荷不同，电泳速度也不同。这样各种蛋白质就以一定的顺序排列成一条一条的蛋白质区带。

（3）分子筛效应　在浓缩层得到浓缩的蛋白质区带逐渐泳动到达分离胶。由于分离层凝胶浓度大，网状结构的孔径小，蛋白质分子受到凝胶的阻滞作用。分子量大且不规则的分子所受阻力大，泳动速度慢；分子量小且形状为球形的分子所受阻力小，泳动速度快。这样，分子大小和形状不同的各组分在分离胶中得到分离。

（4）聚丙烯酰胺凝胶电泳的优点

① 聚丙烯酰胺凝胶是人工合成的凝胶，可通过调节单体和交联剂的比例，形成不同程度的交联结构，容易得到孔径大小范围广泛的凝胶，所以实验重复性很高。

② 凝胶机械强度好、弹性大，便于电泳后处理。

③ 聚丙烯酰胺凝胶是碳-碳的多聚体，只带有不活泼的侧链，没有其他离子基团，因而几乎没有电渗作用。另外，聚丙烯酰胺不与样品发生相互作用。

④ 在一定范围内，凝胶对热稳定、无色透明、易于操作及观察，可用检测仪直接分析。

⑤ 设备简单，所需样品量少，分辨率高。

⑥ 用途广泛。除可用于生物高分子化合物的分析鉴定外，也可用于毫克级的分离制备。具体实验见第四章实验一。

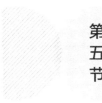

第五节 / 分光光度法

许多物质是有颜色的，其颜色的深浅与其溶液的浓度相关，溶液越浓，颜色越深。因此，可用比较颜色的深浅来测定溶液中该物质的浓度，这种测定法称为比色法。随着测试仪器的发展，比色法已普遍使用分光光度计进行。应用分光光度计的分析方法统称为分光光度法。分光光度法是利用物质特有的吸收光谱，对物质进行定性及定量检测的一种实验方法。它不仅可应用于可见光，还可以扩展到紫外和红外光谱。由于这种方法灵敏度高、精确、快速、简便，不需分离复杂组分的物质就可检测出其中所含的极少量物质的成分，目前已成为生物化学工作中不可缺少的常用方法之一。

一、基本原理

比色法和分光光度法的定量依据是朗伯-比尔（Lambert-Beer）定律，简称比尔定律。这个定律是通过实验观察发现的。当一束平行单色光通过一定液层厚度的有色溶液时，溶质吸收了光能，光的强度就会减弱。溶液浓度越大，通过的液层厚度越大，入射光越强，则光被吸收得越多，光强度的减弱也越显著。描述这种定量关系的正是朗伯-比尔定律，即：溶液的吸光度与溶液的浓度和液层厚度的乘积成正比，可用下式表示：

$$A = \varepsilon l c \tag{2-14}$$

式中，A 为吸光度；ε 为摩尔吸光系数；l 为溶液层的厚度；c 为溶液的物质的量浓度。

ε 是各种物质在一定波长下的特征常数，它可衡量物质对光吸收的灵敏程度。ε 值越大，表示该物质对此波长的光吸收能力越强。

比尔定律不仅适用于有色溶液，也适用于其他均匀、非散射的吸光物质（包括液体、气体和固体），是各类分光光度法的定量依据。

通常光线透过溶液介质时，会被分成三部分，即在介质表面分散或反射的光（称为反射光，用 I_1 表示）、被介质吸收的光（称为吸收光，用 I_2 表示）和可以通过介质的光（称为透射光，用 I_3 表示）。因此，入射光 (I)＝反射光 (I_1)＋吸收光 (I_2)＋透射光 (I_3)。如果以蒸馏水作为空白来校正反射光，则 I_1 被抵消，于是 $I = I_2 + I_3$。一般将经过空白校正后的入射光强度用 I_0 表示，透射光强度用 I 表示。

在吸光度的测量中，有时也用透光度 T 或百分透光度 $T\%$ 表示物质对光的吸收程度。透光度 T 是透射光强度 I 与入射光强度 I_0 之比，即：

$$T = \frac{I}{I_0} \tag{2-15}$$

若以吸光度 (A) 对物质的浓度作图，则得图 2-6 中的直线。但若以透光度 (T) 对吸收物质的浓度作图，则得图 2-7 所示的曲线图。

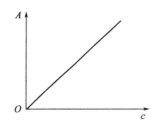　　　　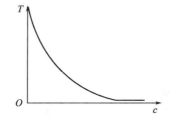

图 2-6　吸光度与溶液浓度的关系　　　　图 2-7　透光度与溶液浓度的关系

二、比色法

如前所述，有色物质可通过其颜色的深浅来测定其含量。但很多物质在可见光区域的吸光系数是很小的，不能直接用比色法或分光光度法来测定。

某些物质在与有些试剂进行反应后，形成的有色产物在可见光区域的吸光系数很大，这就成为利用比色法定量测定某些物质的理论基础。在特定的实验条件下，当待测物与一定量的显色剂反应后，则可形成有色化合物。在一定波长范围内，这些有色化合物的量是与原来无色化合物的量成正比的。但由于用比色法进行分析时，颜色的形成是化学反应的结果，在比色反应中应将待测物质以外的其他全部试剂作空白对照，并以此来调整仪器的吸光值为零。在这种条件下，依据所测得物质的吸光值与其相应的已知含量或浓度，可绘出标准曲线图（图 2-8）。

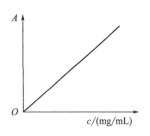

图 2-8　标准曲线示意图

如果严格符合比尔定律，应该获得一条通过原点的直线。用同样的方法测出样品的吸光值，就可以方便地从这条标准曲线上查出对应的测定样品的浓度（具体方法参见第三章实验三）。该法的灵敏度较高，目前在定量测定方面的应用很广。但使用此法进行测定时需要注意以下几点。

① 因为任何有色溶液都只对一定的单色光有强烈的吸收能力，并且溶液呈现的颜色是与其吸收的单色光互补的，所以必须选用被测溶液吸收最强的单色光（波长），才能得到较满意的结果。波长与颜色的关系见表 2-2。

表 2-2　几种主要颜色在光谱中的位置

颜色	紫	蓝	青	绿	黄	橙	红
波长/nm	400~440	440~480	480~490	490~550	550~590	590~630	630~780

② 应将除待测物质以外的全部试剂溶液作为空白对照。

③ 制作标准曲线时至少选 5 个以上实验点，每点要有重复实验值。所有的实验点都应分布在标准曲线上或其附近。

④ 样品及标准品浓度不要过高，吸光值一般在 0.2~0.6 之间。因为这样才符合比尔定律。

⑤ 对于精确的定量测定，未知样品测定应与标准曲线的制作同时进行。

⑥ 操作要认真仔细，器具要干净。

三、分光光度法

与上述比色法相比，某些物质（如蛋白质、酶和核酸等）在紫外光谱区有最大的光吸收，不需进行颜色反应即可直接用紫外分光光度计测定。其依据依然是比尔定律。此法快速、方便，但灵敏度不如比色法。

蛋白质在 280nm 处有最大的吸光值，但此值的高低是随着蛋白质中酪氨酸、色氨酸的含量多少而变化的。因此同样浓度但不同类型的蛋白质在 280nm 处有不同的吸光值。在一定条件下，蛋白质的吸光系数是一个恒定值。如测出已知浓度蛋白质溶液的吸光值，即可根据式(2-14)计算出其吸光系数。

利用紫外分光光度法对单一组分的物质或两个组分组成的混合物（两者的吸收峰完全是独立的）进行定量分析是适宜的，但对于存在某些干扰杂质的样品，则需校正。如蛋白质中的核酸即可用 280nm/260nm 的吸光度比值进行校正（表 2-3），这样即可确定蛋白质的实际含量。

表 2-3 紫外分光光度法测定蛋白质含量的校正数据表

280nm/260nm	核酸/%	校正因子	280nm/260nm	核酸/%	校正因子
1.75	0.00	1.116	0.846	5.50	0.656
1.63	0.25	1.081	0.822	6.00	0.632
1.52	0.50	1.054	0.804	6.50	0.617
1.40	0.75	1.023	0.784	7.00	0.585
1.36	1.00	0.994	0.767	7.50	0.565
1.30	1.25	0.970	0.753	8.00	0.545
1.25	1.50	0.944	0.730	9.00	0.508
1.16	2.00	0.899	0.705	10.00	0.478
1.09	2.50	0.852	0.671	12.00	0.422
1.03	3.00	0.814	0.644	14.00	0.377
0.979	3.50	0.776	0.615	17.00	0.322
0.939	4.00	0.743	0.595	20.00	0.278
0.874	5.00	0.682			

四、浊度法

浊度法是利用分光光度计测定的透光度来计算某些稀悬浮液所含颗粒物质浓度的一种方法。此法一般常用于测定某些微生物在生长繁殖过程中的浊度变化，以及某些凝集素与糖原反应后产生的混浊程度。如通常在 600nm 波长下测定透光度，通过计算来了解细菌在液体培养基中的生长情况。

第六节 / 离心

离心是分离细胞器和生物大分子物质的常用手段之一，也是测定某些纯品物质性质的一种方法。由于操作简单，不需其他化学反应，目前这一方法在生物化学研究中得到了广泛应用。

离心场中单位质量的颗粒物质所受的离心力（F）与离心角速度 ω 和旋转半径 r 成正比：

$$F = r\omega^2 \tag{2-16}$$

式中，F 为离心力；r 为旋转半径；ω 为角速度。

$$\omega = 2\pi N \tag{2-17}$$

式中，N 为离心机转速，r/s。

离心力常用重力的倍数表示，称为相对离心力（RCF）：

$$RCF = \frac{\omega^2 r}{g} \tag{2-18}$$

式中，RCF 为相对离心力；g 为重力加速度。

相对离心力常用数字×g 表示，例如 $1000 \times g$ 表示相对离心力为 1000。

根据式(2-16)～式(2-18)可得下列二式：

$$F = 4\pi^2 N^2 r \tag{2-19}$$

$$RCF = \frac{4\pi^2 N^2 r}{g} \tag{2-20}$$

式(2-19)和式(2-20)分别描述了离心力和相对离心力与离心转速的关系，只要已知离心机的旋转半径，就可根据转速计算出离心力和相对离心力，或根据离心力计算出转速（离心机转速与相对离心力的换算如图 2-9 所示）。

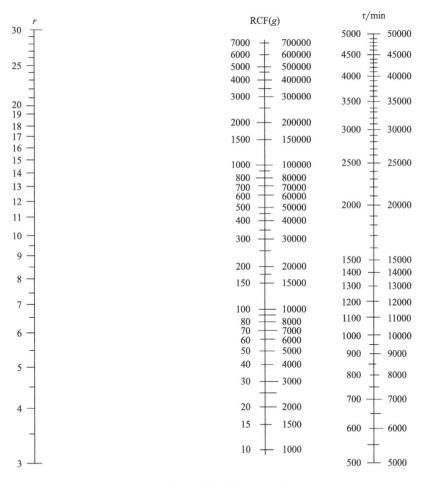

图 2-9　离心机转速与离心力列线图

相对离心力 RCF 与离心机转速的换算公式为：

$$RCF = 1.119 \times 10^{-5} \times r \times N^2$$

其中 RCF 为相对离心力，以重力加速度的倍数（g 或×g）表示；r 为离心机转头半径或离心管中轴底部内壁到离心机转轴中心的距离，cm。N 为离心机每分钟转数，r/min。

由于颗粒在沉降过程中的旋转半径是变化的，一般在计算时 r 用平均值 r_a 代替：

$$r_a = \frac{r_1 + r_2}{2} \tag{2-21}$$

式中，r_1 为最大离心半径（离心管底部到旋转中心的距离）；r_2 为最小离心半径（样品液面到旋转中心的距离）。

根据斯托克斯定律。球形颗粒在重力场中的沉降速度为：

$$v_g = \frac{d_p^2 (\rho_s - \rho_1) g}{18\eta} \tag{2-22}$$

式中，v_g 为重力沉降速度；d_p 为粒径；ρ_s 为固体颗粒密度；ρ_1 为液体密度；η 为液体黏度。

式(2-22)中用 $r\omega^2$ 代替 g，可得离心场中颗粒的沉降速度 v_s 为：

$$v_s = \frac{d_p^2 (\rho_s - \rho_1)}{18\eta} r\omega^2 \tag{2-23}$$

或

$$v_s = Sr\omega^2 \tag{2-24}$$

其中，S 为沉降系数：

$$S = \frac{d_p^2 (\rho_s - \rho_1)}{18\eta} \tag{2-25}$$

从式(2-23)可知，离心沉降速度与颗粒大小和密度有关，也与溶剂的密度和黏度有关。在一定介质中，使一种球形颗粒从液面沉降到离心管底部所需时间，可以根据沉降速度计算。将式(2-24)改写为：

$$v_s = \frac{dr}{dt} = Sr\omega^2 \tag{2-26}$$

积分上式得：

$$t = \frac{\ln(r_1/r_2)}{S\omega^2} \tag{2-27}$$

或

$$t = \frac{\ln(r_2/r_1)}{\omega^2} \times \frac{18\eta}{d_p^2 (\rho_s - \rho_1)} \tag{2-28}$$

由式(2-27)可以看出，球状颗粒的离心沉降时间与其半径的平方以及其密度和介质密度差成反比，而与溶液的黏度成正比。即不同颗粒或分子的沉降系数不同，根据这一性质可进行离心分离。

第七节 / 现代生化新方法

一、荧光分光光度法

当用一种波长的光（如紫外光）照射某种物质时，这个物质会在极短的时间内，辐射出波长比照射光更长的光（如可见光），这种光就称为荧光；如果这种物质在较长时间内，发出比荧光波长更长的光波，即为磷光。所以荧光和磷光也称为光致发光。

（一）荧光的产生

荧光的产生是由于某些物质分子吸收电磁波能量，由基态跃迁到较高的能级（激发态）后，通过内转换过程损耗一部分能量，回到第一激发态的最低振动能级，同时以光量子的形式发射能量（荧光）。辐射跃迁主要涉及荧光或磷光的发射；无辐射跃迁包括振动弛豫、内部转换、系间窜越和外部转移等。图 2-10 给出了吸收光谱和荧光光谱能级跃迁示意图。

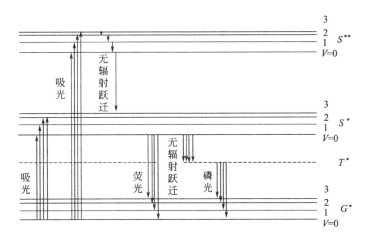

图 2-10　吸收光谱和荧光光谱能级跃迁示意图

G^*—基态能级；S^*—第一单线激发态能级；S^{**}—第二单线激发态能级；
T^*—第一三线态能级；V—振动态能级（数字代表不同振动态）

（二）激发光谱和荧光光谱

任何发荧光的分子都具有两个特征光谱——激发光谱和荧光光谱。它们是荧光分析法进行定量和定性分析的基本参数和依据。

激发光谱是引起荧光的激发辐射在不同波长的相对效率。把荧光样品放入光路中，选择合适的发射波长与狭缝宽度，并使之固定不变，然后令激发单色器扫描，即可得激发光谱。

荧光发射光谱是分子吸收辐射后再发射的结果。把荧光样品放入光路中，选择合适的激发波长和狭缝，使之固定不变，然后扫描发射波长，即可得到荧光光谱。

由以上荧光产生的机制（图 2-10），可以看出以下三点。

① 激发光谱的形状和吸收光谱的形状极为相似，这是因为物质分子吸收能量的过程就是它的激发过程。当然在激发光谱未进行校正时，与吸收光谱可能有差别。

② 荧光光谱的形状和激发光的波长无关（个别化合物例外）。这是因为，荧光的产生是由第一电子单线激发态的最低振动能级开始的，与荧光物质分子原来被激发到哪一个能级无关。

③ 荧光光谱的形状和吸收光谱极为相似，且呈镜像对称关系。因为荧光光谱的形成，是由激发分子从第一电子激发态中最低振动能级降落至基态中各个不同能级所致，所以其形状取决于基态中能级的分布情况。而吸收光谱中第一吸收带的形成，是由于该物质分子由基态被激发至第一电子激发态中各个不同能级，其形状决定于第一电子激发态中能级的分布情况。荧光光谱的形状和吸收光谱的镜像对称关系表现为频率或波数对称，而不是波长对称。

此外，经常可以看到，大多数荧光物质的荧光光谱只有一个荧光带，不像吸收光谱具有几个吸收带。这是由于吸收光时，分子可由基态跃迁至几个不同的电子激发态，因而吸收光谱中常可呈现几个吸收带；而发射荧光时，通常仅由第一电子激发态的最低振动能级降落至基态，所以荧光光谱通常只呈现一个荧光带。

（三）荧光分光光度仪

图 2-11 给出了紫外分光光度计和荧光分光光度计的原理示意图。由光源发出的光（虚线），经第一单色器（激发光单色器）后，得到所需要的激发波长，设其强度为 I_0；通过样品池后，一部分光线被荧光物质吸收，其透射强度为 I；荧光物质被激发后，将向四面八方发射荧光（I_F）。但为了消除入射光及散射光的影响，荧光强度的测定应在与激发光成直角的方向进行。仪器的第二单色器（荧光单色器）将消除溶液中可能共存的其他光线的干扰，以获得所需要的荧光。荧光作用于检测器上，得到相应的电讯号，经过放大后，再用适当的记录器记录和显示。

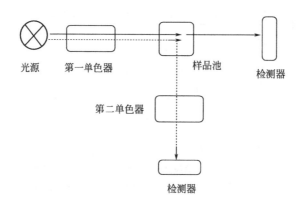

光源   第一单色器   样品池   检测器

第二单色器

检测器

图 2-11   紫外分光光度计和荧光分光光度计典型结构对比图

（实线部分是紫外分光光度计原理图；虚线部分为荧光分光光度计原理图）

发射的荧光强度 I_F 应正比于该系统吸收后的激发光强度：

$$I_F = K'(I_0 - I) \tag{2-29}$$

常数 K' 取决于荧光效率。根据比尔定律：

$$\frac{I}{I_0} = 10^{-\varepsilon bc} \tag{2-30}$$

式中，ε 为物质的摩尔吸收系数；b 为液槽厚度；c 为荧光物质的浓度。则：

$$I_F = K'I_0(1 - 10^{-\varepsilon bc}) \tag{2-31}$$

将此式展开，

$$I_F = K'I_0\left(2.3\varepsilon bc - \frac{(2.3\varepsilon bc)^2}{2!} + \frac{(2.3\varepsilon bc)^3}{3!} - \cdots\right) \tag{2-32}$$

若 $\varepsilon bc < 0.05$，则可以近似地写成，

$$I_F = 2.3K'\varepsilon bcI_0 \tag{2-33}$$

当 I_0 一定时，可见荧光强度与物质浓度成正比。

$$I_F = Kc \tag{2-34}$$

荧光分光光度计的主要部件如下。

① 光源   发射紫外区和可见区的激发光，一般常用的为卤钨灯、汞蒸气灯以及氙弧灯。

② 单色器   荧光分光光度计共有两个单色器，作用分别是滤去非特征波长的激发光和

滤去非特征波长荧光的杂散光。

③ 样品池 用来盛放待测溶液。

④ 检测器 检测待测物质所发射的荧光信号。

（四）荧光分析的特点

（1）灵敏度高 荧光分析的最大的特点是灵敏度高，这是其受到生物分析工作者重视的主要原因。与常用的分光光度法比较，荧光是从入射光的直角方向检测，即在黑背景下检测荧光的发射；而分光光度法是在入射光的直线方向检测，即在亮背景下检测暗线。所以一般来说荧光分析的灵敏度要比分光光度法高 2～3 个数量级。

（2）选择性强 分光光度法只能得到物质的特征吸收光谱；而荧光法则既能依据特征发射，又可按照特征吸收，即激发光谱来鉴定物质。因此，同分光光度法比较，荧光法测定物质时，选择性更强。如某几种物质的发射光谱相似，就可以根据激发光谱的差异把它们区分开；而如果它们的吸收光谱相同，则可通过发射光谱将其甄别。

（3）试样量少和方法简便 荧光分析法灵敏度高，为少量试样的测定提供了可能性。这也是它在生物技术检测中被广泛应用的原因之一。如用荧光法测定蛋白质中色氨酸的含量时，可以只用 $40\mu g$ 的蛋白质样品。荧光方法能得到普及的另一个原因是它的方法简便。

（4）提供更多的理化参数 荧光分析方法能提供包括激发光谱和发射光谱以及荧光强度、量子产率、荧光寿命、荧光偏振等许多物理参数。这些参数反映了分子的各种特性，并且通过它们可以得到被研究分子的更多的信息。这也是分光光度法所不能比的地方。当然用荧光分析法得到的常常是分子局部的信息，而不像 X 射线衍射法那样能同时得到一个分子结构的全部信息。

荧光分析法虽然具有上述优点，但是也有它的弱点。因为它对环境因素敏感，所以在荧光测定时，干扰因素也就比较多。因此，在实验中，需要考虑溶剂和化学试剂、荧光污染、溶液 pH 值、内滤光和自吸收、温度、溶液黏度和荧光猝灭等许多因素的影响。

（五）荧光分析的常用方法

从分析方法来说，荧光分析大致可分为直接测定法和间接测定法两种。

1. 直接测定法

利用物质自身发射的荧光，即所谓"自荧光"或"内源荧光"来进行测定。蛋白质在 270～300nm 有吸收，这是因为氨基酸中的色氨酸、酪氨酸和苯丙氨酸具有天然荧光，其相对荧光强度比为 100：9：0.5。当用 280nm 波长激发时，蛋白质大致有相同的荧光光谱，最大值在 313nm 和 350nm 处。前者与酪氨酸一致，后者与色氨酸一致。组蛋白由于没有色氨酸，因此最大值在 313nm，而没有芳香族氨基酸的蛋白质则不显示荧光。球蛋白可分两类：一类是含有苯丙氨酸和酪氨酸，但不含色氨酸的蛋白质，其最大发射波约在 304nm，并且在天然态和变性态均能观察；另一类是苯丙氨酸、酪氨酸和色氨酸均含有的蛋白质，其最大荧光发射在 320～350nm 范围内。

2. 间接测定法

由于有些物质本身荧光很弱，或不发荧光，就需要使其转化成荧光物质再进行测定。利用某些试剂（如荧光染料），使其与荧光较弱或不显荧光的物质共价或非共价结合，以形成发荧光的络合物等，再进行测定，即称之"荧光探针"技术。作为探针的探剂必须具备以下条件：①探剂与被研究分子的某一微区必须有特异性的结合，并且结合比较牢固；②探剂的荧光必须对环境条件灵敏；③结合的探剂不应该影响被研究的大分子的结构和特性。

荧光探剂的使用为一些原来不能用荧光分析的物质打开了大门。通过这种技术，不但可以对一些原来不发荧光的物质进行极微量的测定，而且利用它的结合特异性及对环境的敏感性特点，可为生物大分子的结构和功能的研究提供很多有用的信息。

（1）蛋白质疏水区的探测　　使用共价结合的染料作为蛋白质构象分析的荧光探针（1,8-ANS 和 2,6-TNS），这些染料通常在水中基本不发光，当与蛋白质的疏水基结合后，可以发出很强的荧光。利用其对环境极性的敏感性，根据它们在不同蛋白质分子中量子产率、峰位及谱带宽度的变化，就可以探测蛋白质分子的极性和疏水性大小，从而观察构象的稳定情况和变化等。

（2）二硫键的检测　　N-densyl-氮丙啶能选择性地和蛋白质中半胱氨酸的硫起反应。同时由于含有二硫键的变性蛋白质分子，当二硫键被破坏时，偏振就达到最小值，因此也可测定变性蛋白质分子中的二硫键。

（3）蛋白质聚合和解离的检测　　当蛋白质自缔合时，由于分子尺寸增加，迁移率减小，与 DNS-衍生物荧光偏振增加，因此可以通过测量偏振的变化来测量蛋白质的聚合和解离。

（4）从螺旋到无规卷曲变化的研究　　对于某些蛋白质，如果一个外源荧光团（如 ANS）能结合到蛋白质上，又不影响构象，那么就能通过荧光偏振来测定从螺旋到无规卷曲的变化。

（5）研究酶的变构效应　　利用荧光探针可研究酶的变构效应。由于荧光探针的特征之一是对环境变化十分灵敏，它对生物大分子的构象变化必然很敏感，用 DNS-Cl 标记的酶的荧光光谱在有和没有辅酶时是不同的。并且这种变化也体现在用蒽标记的酶在有和没有 ADP 时的场合。此外，外源荧光分析在细胞内的黏度、免疫性等研究中，同样有着很大的应用潜力。

荧光分析除了上述两种主要的方法以外，还有利用荧光猝灭、光分解、敏化发光法等荧光现象对一些物质进行定性和定量测定。一般在进行定量分析时，主要应用标准工作曲线法进行测定。

3. 常用的减小测量误差的方法

（1）溶剂　　溶剂能影响荧光效率，改变荧光强度，因此，在测定时必须用同一溶剂。

（2）浓度　　在较浓的溶液中，荧光强度并不随溶液浓度成正比增长。因此，必须找出与荧光强度成线性的浓度范围。

（3）酸度　　荧光光谱和荧光效率常与溶液的酸度有关。因此，须通过条件试验，确定最适宜的 pH 值范围。

（4）温度　　荧光强度一般随温度降低而提高。因此，有些荧光仪的液槽配有低温装置，使荧光强度增大，以提高测定的灵敏度。在高级的荧光仪中，液槽四周有冷凝水并附有恒温装置，以便使溶液的温度在测定过程中尽可能保持恒定。

（5）时间　　有些荧光化合物需要一定时间才能形成，有些荧光物质在激发光较长时间照射下会发生光分解。因此，过早或过晚测定荧光强度均会带来误差。必须通过条件试验确定最适宜的测定时间，使荧光强度达到量大且稳定。为了避免光分解所引起的误差，应在荧光测定的短时间内才打开光闸，其余时间均应关闭。

（6）共存干扰物质　　有些干扰物质能与荧光分子作用使荧光强度显著下降，这种现象称为荧光的猝灭（quenching）。而有些共存物质则能产生荧光或产生散射光，也会影响荧光的正确测量。故应设法除去干扰物，并使用纯度较高的溶剂和试剂。

荧光检测技术的不断改进，使得荧光技术在生物检验中得到快速发展，一些新方法和新技术也不断涌现。如时间分辨荧光免疫分析法（TRF）是近年发展起来的无环境污染的高灵敏度免疫标记检测技术，它以稀土离子为标记物，通过时间延迟，去除非特异性荧光干扰，在固定时间检测特异性荧光，解决了自然背景干扰问题，明显提高检测灵敏度。

二、旋光色散与圆二色性法

旋光色散法（ORD）和圆二色性法（CD）是研究分子非对称性结构的光学方法。这些实验技术可以提供一些新物质的结构信息，为更深入地研究分子的立体化学和电子结构提供依据。

普通光波是一种在各个方向上振动的电磁辐射，它们的振动方向与传播方向相互垂直，如图 2-12 所示。如果令其通过一个尼科尔棱镜（平面偏振片），则只有那些振动方向与棱镜晶轴平行的射线才能通过。这种只在一特定面上振动的光叫平面偏振光，如图 2-13 所示。

图 2-12 普通光的振动方向

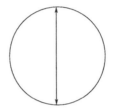

图 2-13 平面偏振光的振动方向

有一种特殊的情况，光前进的过程中电矢量绕前进轴转动，若电矢量的绝对值不变，则运动轨迹的投影是一个圆，这时就变成圆偏振光。面对光前进的方向看去，电矢量端点的圆运动可以是顺时针方向的，用符号 d 表示，称为右圆偏振光；也可以是逆时针方向的，用符号 l 表示，称为左圆偏振光。

任何一束平面偏振光都可以看成是由两个振幅和速度相同而螺旋前进方向恰好相反的圆偏振成分叠加而成，如图 2-14 所示。由于这里左、右圆偏振光的振幅和角速度相同，所以在传播过程中的任何时刻，由它们叠加组成的平面偏振光的振动方向始终不变，即平面偏振光。

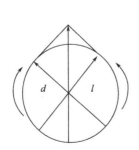

图 2-14 左、右圆偏振光叠加组成
的平面偏振光

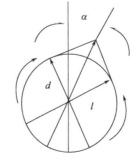

图 2-15 平面偏振光通过光学活性
物质时产生的旋光

（一）旋光和旋光光谱

将一束平面偏振光通过介质，若左、右圆偏振光的速度不受影响，即介质对两圆偏振光的折射相同，则入射光的振动方向仍保持不变，这种介质被称为非旋光活性物质。反之，若左、右圆偏振光在介质中的折射率不同，则它们通过介质的速度将不相同，因而由此叠加产生的平面偏振光的振动方向也将发生变化，这样的介质被称为旋光活性物质。平面偏振光振动方向的改变相当于原来的振动平面在通过介质后转了一个角度 α，如图 2-15 所示。该现象称为旋光，α 为旋光度。

对于溶液，在指定波长 λ 和温度 T 时，旋光度与两圆偏振光的折射系数的差值有下列关系：

$$\alpha = \frac{\pi l}{\lambda}(n_l - n_d) \tag{2-35}$$

式中，l 为管长，cm；λ 为波长，cm；$\pi = 180°$。

通常，用物质的比旋光度表示物质的旋光性质，即：

$$[\alpha]_\lambda^T = \frac{100\alpha_\lambda^T}{lc} \tag{2-36}$$

式中，l 为管长，dm；c 为浓度，g/100mL。

平面偏振光的偏振面通过旋光介质时，偏转的角度随波长（或频率）的变化称为旋光色散图谱（简写为 ORD），即 α-λ 曲线。典型的 α-λ 曲线是随着波长逐渐接近一种化合物的某一旋光吸收带时，旋光度快速增加，然后逐渐下降并改变正负号，产生科顿效应曲线。简单的科顿效应曲线只包含一个峰尖和峰谷，按照在长波长方向出现的峰尖或峰谷分为正或负科顿效应曲线，如图 2-16 所示。

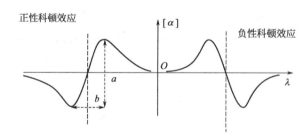

图 2-16　典型的科顿效应曲线

（二）圆二色性

如果旋光活性物质对特定波长有吸收，且当物质对左、右两束圆偏振光的吸收能力不同时，透过介质后，不仅左、右两束圆偏振光的速度不同，而且振幅也不同。显然，不同时刻左、右两束圆偏振光的合矢量不再在平面上移动，而是循着一个椭圆的轨迹移动。或者说由速度不同、振幅也不同的左、右两束圆偏振光叠加产生的偏振光，不再是平面偏振光，而是椭圆偏振光，这种现象称为圆二色性。通常我们称椭圆偏振光的椭圆的长轴与椭圆的短轴形成的夹角 θ 为椭圆率，如图 2-17 所示。d 组分表示右圆偏振光被吸收得较多；l 组分表示左圆偏振光吸收得较少；角度 α 为旋光度；椭圆率 θ 表征圆二色性。

对于通过浓度为 c 的溶液的平面偏振光，其产生的椭圆偏振光的椭圆率 θ 可以近似地表示为：

$$\theta \approx 0.576lc(\varepsilon_l - \varepsilon_d) \tag{2-37}$$

椭圆率 θ 与波长 λ 间的关系曲线称为圆二色曲线（简写为 CD）。它一般具有图 2-18 所示的形状。当 $\lambda < \lambda_{最大}$ 时，如果 $n_l < n_d$，则该物质为右旋；反之，如果 $n_l > n_d$，则该物质为左旋。

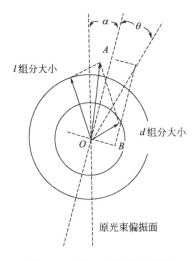

图 2-17 圆二色形成原理图

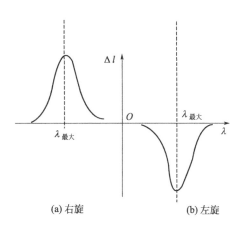

图 2-18 典型的圆二色曲线

$\lambda_{最大}$为椭圆率 θ 出现最大值时的波长值

综上所述，当平面偏振光在介质中传播时，可以看成是左、右圆偏振光两束光的传播，两者的速度不同（色散）导致旋光现象，两者的被吸收程度不同导致圆二色性现象。它们叠加的电矢量有规则地旋转而描绘出一个圆或椭圆。椭圆度与波长的关系称为圆二色谱。圆二色谱和旋光色散谱本质上是相同的。从光学活性物质的吸收光谱、圆二色谱和旋光色散谱可以看到它们的关系。

但在复杂分子中，并不是所有的跃迁吸收带都是光学活性的。图 2-19 给出了一种物质的吸收光谱（Ⅰ，Ⅱ，Ⅲ吸收峰）、圆二色谱和旋光色散谱。其中Ⅲ峰就不是光学活性的。圆二色谱清楚地分开了Ⅰ峰的正圆二色性和Ⅱ峰的负圆二色谱。在 ORD 上，Ⅰ峰的正科顿效应和Ⅱ峰的负科顿效应就不清晰。

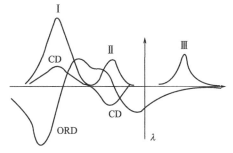

图 2-19 吸收光谱、圆二色谱和旋光色散谱比较

Ⅰ，Ⅱ，Ⅲ—吸收峰；CD—圆二色谱；

ORD—旋光色散谱

（三）圆二色仪

圆二色仪需要将平面偏振光调制成左圆偏振光、右圆偏振光，并以很高的频率交替通过样品，完成这种调制的是 CD 调制器。圆二色仪一般采用氙灯作光源，其辐射通过两个棱镜组成的双单色器后，就成为两束振动方向互相垂直的面偏振光，由单色器的出射狭缝射出一束非寻常光后，寻常光由 CD 调制器制成交变的左圆偏振光、右圆偏振光。这两束偏振光通过样品产生的吸收差由光电倍增管吸收检测。

（四）旋光与圆二色性法的应用

旋光法可用于各种光学活性物质的定量测定或纯度检验。将样品在指定的溶剂中配成一定浓度的溶液，由测得的旋光度算出比旋光度并与标准比较，或以不同浓度溶液制出标准曲线，求出含量。

在旋光计的基础上还发展了一种糖量计，专门用于测量蔗糖含量。蔗糖在盐酸作用下进行水解反应，根据水解前后旋光度的变化计算蔗糖的浓度。此法简便迅速，常用于制糖工业。水解反应为：

$$C_{12}H_{22}O_{11} + H_2O \xrightarrow{HCl} C_6H_{12}O_6 + C_6H_{12}O_6$$

因为氨基酸和糖分子中有不对称碳原子，显示出光学活性。但显示光学活性的不局限于不对称碳原子，凡不能与自身的镜像叠合的分子都可以显示光学活性。生物大分子中有许多典型的立体结构是显示光学活性的。

蛋白质分子中，肽链的不同部分可分别形成 α-螺旋、β-折叠、β-转角等特定的立体结构。这些立体结构都是不对称的。蛋白质的肽键在波长 185～240nm 处有光吸收，因此在这一波长范围内有圆二色性。几种不同的蛋白质立体结构所表现的圆二色谱是不同的。如 α-螺旋的谱是双负峰形的，β-折叠的是单负峰形的，无规卷曲在波长很短的地方出单峰，如图 2-20 所示。蛋白质的圆二色谱是它们所含各种立体结构组分的圆二色谱的代数加和曲线。因此用这一波长范围的圆二色谱可研究蛋白质中各种立体结构的比例。圆二色仪在分子生物学领域的最大应用是测定生物大分子的空间结构。

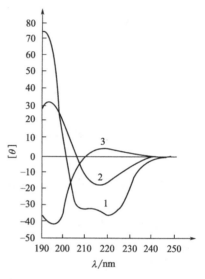

图 2-20　典型的蛋白质的紫外圆二色谱
1—完全是 α-螺旋状态的谱；
2—完全是 β-折叠的谱；
3—完全是无规卷曲的谱

蛋白质含酪氨酸、色氨酸和苯丙氨酸，它们在 240～350nm 处有光吸收，当它们处于分子不对称环境中时，也表现出圆二色性。这一范围的圆二色性反映出蛋白质分子中上述氨基酸残基环境的性质。通过对光谱的分析计算可求得各种结构的量，从而推测蛋白质分子的主链结构。

此外，核酸中所含糖有不对称的结构，它们所含的双螺旋结构也是不对称的。它们在 185～300nm 范围内也有特征的圆二色谱。这些谱与核酸的立体结构的关系虽不甚显著，但也可以用它研究某些立体结构。同时圆二色谱与核酸的碱基配对数有关系，因此也可用圆二色谱研究核酸的化学组成。

三、核磁共振波谱法

将有磁矩的原子核放入磁场后，用适宜频率的电磁波照射，它们会吸收能量并发生原子核能级的跃迁，同时产生核磁共振信号，得到核磁共振谱，这种方法称为核磁共振波谱法（nuclear magnetic resonance，NMR）。

（一）原子核的自旋

核磁共振主要是由原子核的自旋运动引起的。不同的原子核，自旋运动的情况不同，它们可以用核的自旋量子数 I 来表示。自旋量子数与原子的质量数和原子序数之间存在一定的关系，大致分为四种情况，见表 2-4。实验表明，当自旋量子数 $I = \dfrac{1}{2}$ 时，核电荷呈球形分布于核表面，它们的核磁共振现象较为简单，是目前研究的主要对象。属于这类的原子核有 $^1H_1$、$^{13}C_6$、$^{19}F_9$、$^{15}N_7$、$^{31}P_{15}$，其中研究最多的是 $^1H_1$、$^{13}C_6$ 的核磁共振谱。^1H 的核磁共振称为质磁共振，表示为 $^1H\text{-NMR}$。^{13}C 核磁共振表示为 $^{13}C\text{-NMR}$。

表 2-4 自旋量子数与原子质量数和原子系数的关系

质量数 A	原子序数 Z	自旋量子数 I	自旋核电荷分布	NMR 讯号	原子核
偶数	偶数	0	—	无	$^{12}C_6$，$^{16}O_8$，$^{32}S_{16}$
奇数	奇数或偶数	$\frac{1}{2}$	球形	有	$^{1}H_1$，$^{13}C_6$，$^{19}F_9$，$^{15}N_7$，$^{31}P_{15}$
奇数	奇数或偶数	$\frac{3}{2}$，$\frac{5}{2}$，…	扁平椭圆形	有	$^{17}O_8$，$^{33}S_{16}$
偶数	奇数	$1,2,3,…$	伸长椭圆形	有	$^{2}H_1$，$^{14}N_7$

（二）核磁共振现象

原子核是带正电荷的粒子，不能自旋的核没有磁矩，能自旋的核有循环的电流，会产生磁场，形成磁矩（μ）。当自旋核处于磁场强度为 B_0 的外磁场中时，除自旋外，还会绕 B_0 运动，这种运动情况与陀螺的运动情况十分相像，称为进动。

微观磁矩在外磁场中的取向是量子化的，自旋量子数为 I 的原子核在外磁场作用下只可能有 $2I+1$ 个取向，每一个取向都可以用一个自旋磁量子数 m 来表示，m 与 I 之间的关系是：

$$m=I,I-1,I-2,…,-I \tag{2-38}$$

原子核的每一种取向都代表了核在该磁场中的一种能量状态。它们之间的能量差为 ΔE。一个核要从低能态跃迁到高能态，必须吸收 $\Delta E=h\nu$ 的能量。让处于外磁场中的自旋核接受一定频率的电磁波辐射，当辐射的能量恰好等于自旋核两种不同取向的能量差时，处于低能态的自旋核吸收电磁辐射能跃迁到高能态，这种现象称为核磁共振。

通过两种方法可以实现核能级的跃迁。一种是固定磁场强度 B_0，逐渐改变电磁波的辐射频率进行扫描，这种方法称为扫频；另一种方法是固定辐射波的辐射频率，然后从低场到高场，逐渐改变磁场强度 B_0，也会发生核磁共振，这种方法称为扫场。一般仪器都采用扫场的方法。

（三）核磁共振的饱和与弛豫

在外磁场的作用下，有自旋磁矩的核的能级取向排列导致的能级分裂间的能级差 ΔE 是很小的。根据玻尔兹曼分布定律可知，处于低能态的核数目与处于高能态的核数目相比只占微弱的优势。NMR 的讯号正是依靠这些微弱过剩的低能态核，吸收射频电磁波的辐射能后跃迁到高能级而产生的。但是，如果高能态核无法返回到低能态，那么随着跃迁的不断进行，这种微弱的优势将进一步减弱直至消失，此时处于低能态的核数目与处于高能态核数目相等，NMR 的讯号也会逐渐减弱直至最后消失。上述这种现象称为饱和。

核可以通过非辐射的方式从高能态转变为低能态，这种过程称为弛豫。因此，在正常测试情况下不应出现饱和现象。弛豫的方式有两种：一是处于高能态的核通过交替磁场将能量转移给周围的分子，即体系向环境释放能量，本身返回低能态；二是两个处在一定距离内，进动频率相同、进动取向不同的核互相作用，交换能量，改变进动方向。

弛豫现象的发生，使得处于低能态的核数目总是维持多数，从而保证共振信号不会中止。弛豫越易发生，消除"磁饱和"越快，则越有利于测定的进行。但并不是说弛豫越快越好，过快的弛豫容易导致核磁共振的谱线变宽。

（四）核磁共振仪

目前使用的核磁共振仪有连续波（CN）及脉冲傅里叶（PFT）变换两种形式。连续波核磁共振仪主要由磁铁、射频发射器、检测器和放大器、记录仪等组成。磁铁用来产生磁场，主要有三种：永久磁铁，磁场强度 14000Gs[1]，频率 60MHz；电磁铁，磁场强度 23500Gs，频率 100MHz；超导磁铁，频率可达 200MHz 以上，最高可达 $500\sim600$MHz。频率大的仪器，分辨率好、灵敏度高、图谱简单易于分析。磁铁上备有扫描线圈，用它来保证磁铁产生的磁场均匀，并能在一个较窄的范围内连续精确变化。射频发射器用来产生固定频率的电磁辐射波。检测器和放大器用来检测和放大共振信号。记录仪将共振信号绘制成共振图谱。19 世纪 70 年代中期出现了脉冲傅里叶核磁共振仪，它的出现使 ^{13}C 核磁共振的研究得以迅速开展。目前应用的仪器多为脉冲傅里叶核磁共振仪。

（五）样品的制备

（1）样品管　根据仪器和实验要求，可选择不同外径的石英样品管，微量操作还可以选择微量样品管。为保持旋转均匀和良好的分辨率，管壁应当均匀而平直。

（2）溶液的配制　对于傅里叶核磁共振仪，样品量需要很少，一般氢谱为 $1\sim2$mg，碳谱为十几毫克。

（3）标准样品　进行实验时，每张图谱都必须有一个参考峰，以此峰为标准，求得样品信号的化学位移值。四甲基硅烷（TMS）是最理想的标准样品，它的所有氢都是等同的，共振信号只有一个。

（4）溶剂　最常用的溶剂是氘代氯仿，此外，还有氘代丙酮和氘代甲醇等。表 2-5 给出了常见氘代溶剂中残留 ^{1}H 的共振位置。

表 2-5　常见氘代溶剂中残留 ^{1}H 的共振位置

溶剂	含 H 基团	化学位移（δ）
$CDCl_3$	CH	7.28（单峰）
$(CD_3)_2CO$	CD_2H	2.05（五重峰）
C_6H_6	$CH(CD_5H)$	7.20（多重峰）
D_2O	HDO	5.30（单峰）
$(CD_3)_2SO$	CD_2H	2.5（五重峰）
CD_3OD	CD_2H	3.3（五重峰）
C_2D_5OD	CHD_2 CHD OH	1.17（五重峰） 3.59（三重峰） 不定（单峰）

（六）化学位移和核磁共振图谱分析

在化合物中，相同的原子由于所处环境不同，而使得核磁共振峰出现在不同的频率区域或不同磁场强度区域，但这种变化是很小的。为了更好地表示这种变化，一般采用测定位移相对值的方法表示这些频率或磁场强度的差异，通常称之为化学位移（δ）。

核磁共振分析的图谱一般用化学位移为横坐标，信号强度为纵坐标。图谱的左边为低磁场，化学位移值大；右边为高磁场，化学位移值小。

一般碳和磷等原子的核磁共振图谱都表现为单峰，所处化学环境决定了化学位移的大小。

---

❶　$1Gs=10^{-4}W/b/m^2$。

由于氢的核磁共振图谱比较特殊，也最常用，下面针对核磁共振氢谱的解析作简要介绍。

1. 自旋-自旋偶合机理

自旋核与自旋核之间的相互作用称为自旋-自旋偶合，简称自旋偶合。图 2-21 是 1,1,2-三氯乙烷（$CHCl_2$—CH_2Cl）的 ^{1}H-NMR 谱。1,1,2-三氯乙烷由 $CHCl_2$—和—CH_2Cl 两个基团组成，其氢谱中双峰（—CH_2Cl）和三峰（$CHCl_2$—）的出现是由相邻的氢核在外加磁场 B_0 中产生不同的局部磁场且相互影响造成的。$CHCl_2$ 中 H 有两种取向，与 B_0 同向和与 B_0 反向，粗略认为二者概率相等。同向取向 H 使 CH_2Cl 的氢受到外磁场强度稍稍增强，其共振吸收稍向低场（高频）位移，反向取向使 CH_2Cl 的氢受到的外磁场强度稍稍降低，其共振吸收稍向高场（低频）端位移，故 $CHCl_2$ 中 H 使 CH_2Cl 中 H 分裂为双峰。同理，CH_2Cl 中 H 使 $CHCl_2$ 中 H 分裂为三峰。

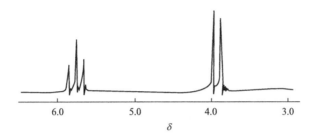

图 2-21　1,1,2-三氯乙烷的 ^{1}H-NMR 谱

这种自旋-自旋偶合机理是空间磁性传递的，即偶极-偶极相互作用。所以自旋-自旋偶合是相互的，偶合的结果产生谱线增多，即自旋裂分。我们把峰间距称为偶合常数，用符号 J 表示。

偶合常数（J）是推导结构的又一重要参数。在 ^{1}H-NMR 谱中，化学位移表征不同化学环境的氢，各个峰面积的比值也代表了化合物中氢原子个数的比值，表 2-6 给出了各种常见基团中 H 的化学位移。裂分峰的数目和 J 值可判断相互偶合的氢核数目及基团的连接方式。

表 2-6　各种常见基团中 H 的化学位移

质子化学环境	δ	质子化学环境	δ	质子化学环境	δ
$\overset{O}{\underset{\parallel}{\text{—C—OH}}}$	10~11	$H_3C—\overset{O}{\underset{\parallel}{C}}—$	~2.1	ROH	3.0~6.0
$\overset{O}{\underset{\parallel}{\text{—C—H}}}$	9~12	$H_2C—\overset{O}{\underset{\parallel}{C}}—$	~2.3	ArOH	3.0~8.0
Ar—H	~7.2	—C≡CCH$_3$	~1.8	RNH$_2$	1.8~3.4
$\overset{H}{\underset{}{\text{C=C}}}$	4.3~6.4	H$_3$CN	~3.0	ArNH$_2$	3.0~4.5
CH$_3$O—	~3.7	RCH$_3$（饱和）	~0.3	R—SH	1.1~1.5
—CH$_2$O—	~4.0	R$_2$CH$_2$（饱和）	~1.3	$\overset{O}{\underset{\parallel}{\text{—C—N—}}}$（含H）	5.5~8.5（宽峰）
—C≡CH	~2.5	R$_3$CH（饱和）	~1.5		

2. 自旋偶合系统中自旋核的等价性

（1）自旋偶合系统　自旋偶合系统是指相互偶合的一组核，不要求系统内所有核之间都相互偶合，但与系统外任何磁核都不偶合。如丙基异丙基醚中乙基是一种自旋偶合系统，异丙基是另一种自旋偶合系统。

$$H_3C-\overset{H_2}{C}-\overset{H_2}{C}-O-CH\overset{CH_3}{\underset{CH_3}{}}$$

（2）化学等价核　分子中化学位移相等的核称为化学等价核，如 1,1,2-三氯乙烷中—CH_2—的两质子是化学等价核。

$$Cl-\overset{H_2}{C}-CHCl_2$$

又如对氯苯甲醛中 2，6 位两质子或 3，5 位两质子是化学等价的。

$$Cl-\underset{H\ H}{\overset{H\ H}{\bigcirc}}-C\overset{O}{\underset{H}{}}$$

（3）磁等价核　分子中若有一组自旋核，其化学位移相同，并且它们各个自旋核对组外任何一个磁核的偶合常数彼此也相同，那么这组核称为磁等价核。例如在 1,1,2-三氯乙烷中，亚甲基—CH_2—的两个质子不仅化学位移相同，而且它们对邻位次甲基中 H 的偶合常数也一致，所以称磁等价核。如果核既化学等价又磁等价，称为全同核或等同核。磁等价核不会产生峰的分裂。化学等价不一定是磁等价的，但磁等价一定是化学等价的。

（4）磁不等价核　在有机分子中磁不等价性普遍存在，磁不等价导致峰的分裂，对推断结构很有用。下面举例说明磁不等价性。

例 1：双键同碳质子磁不等价

$$\underset{F_b}{\overset{F_a}{}}C=C\underset{H_b}{\overset{H_a}{}}$$

H_a 和 H_b 两个质子化学等价，两个 ^{19}F 与 H_a 和 H_b 都有偶合作用，但由于双键不能自由旋转，$JH_aF_a \neq JH_bF_a$，$JH_aF_b \neq JH_bF_b$，所以 H_a 和 H_b 两个质子是磁不等价的。

例 2：单键带有双键性质时，会产生不等价质子。

$\overset{CR-NH_2}{\underset{O}{\|}}$ 中的 C—N 键带有双键性，即 $R-\overset{O}{\underset{}{C}}=\overset{H}{N}-H$，因此—$NH_2$ 中两质子是化学不等价的，必然磁不等价。

例 3：单键不能自由旋转时，也会产生磁不等价质子。

例如 $BrCH_2CH(CH_3)_2$ 有三个构象 Ⅰ、Ⅱ、Ⅲ。由构象式的 Newman 投影图可以看出，亚甲基中两个氢核 H_a 与 H_b 处于不同的化学环境，应该是不等价的。但实际上在室温下，分子绕 C—C 轴快速旋转，使两个氢核 H_a 与 H_b 处于一个平均的环境，因此 H_a 与 H_b 是等价的。而在低温下，这个化合物大部分为 I、II 两个构象，只有少量的 III，于是 H_a 与 H_b 因所处环境有差别而成为不等价的。

例 4：与不对称碳原子连接的—CH_2—质子是不等价的。

$$I \qquad II \qquad III \qquad IV$$

C^* 为不对称碳原子，在 I 的分子中，不管 R—CH_2—的旋转速度有多快，—CH_2—的两个质子所处的化学环境总是不相同，所以—CH_2—质子不等价，见 II、III、IV 的 Newman 投影图。

3. $n+1$ 规律

某组化学环境完全相等的 n 个氢核（化学等价核）在 B_0 中共有 $(n+1)$ 种取向，使与其发生偶合的核裂分为 $(n+1)$ 条峰，这就是 $n+1$ 规律，概括如下。

某组环境相同的氢若与 n 个环境相同的氢发生偶合，则被裂分为 $(n+1)$ 条峰。裂分峰的强度（高度或面积）之比近似为二项式 $(a+b)^n$ 展开式的各项系数之比。表 2-7 给出了分裂峰的强度与表达符号。

表 2-7 分裂峰的强度与表达符号

n	二项式展开式系数	峰数	表示符号及简写
0	1	单重峰	singlet，s
1	1　1	二重峰	doublet，d
2	1　2　1	三重峰	triplet，t
3	1　3　3　1	四重峰	quartet，q
4	1　4　6　4　1	五重峰	quintet

某组环境相同的氢，若分别与 n 个和 m 个环境不同的氢发生偶合，且 J 值不等，则被裂分为 $(n+1)(m+1)$ 条峰。如高纯乙醇，CH_2 被 CH_3 裂分为四重峰，每条峰又被 OH 中的氢裂分为双峰，共八条峰 $(3+1)\times(1+1)=8$。

实际上，由于仪器分辨有限或巧合重叠，造成实测峰数目小于理论值。

（七）核磁共振的波谱信息与蛋白质二级结构信息的关系

利用 NMR 测定蛋白质的结构，主要运用二维核磁和三维核磁波谱。多维核磁在原理上相对比较复杂，但从所得图谱上看，它给出了对应元素的相关图谱 COSY（correlation spectroscopy）。通过相关性的分析可以确定元素间的结合关系和位置关系。

核磁共振波谱的谱峰包括相当丰富的与蛋白质分子结构有关的波谱信息，它们由波谱参数表示。直接用于确定蛋白质分子溶液三维结构的主要波谱参数有：化学位移、偶合常数和 NOE（nuclear overhauser effect）。可以通过这些参数正确地测定蛋白质的二级结构和三级折叠。

其中化学位移参数已用于直接判断在蛋白质氨基酸序列中，位于 α-螺旋和 β-折叠等二级结构单元中的氨基酸肽段位置。我们知道核自旋周围的化学环境是产生化学位移的基本因素。空间电场效应、氢键效应等都可能引起化学位移的变化。由于空间构象化学环境的影响，蛋白质和多肽中各残基的核素（^{1}H、^{13}C、^{15}N）与完全松散肽链相比，化学位移有明显变化。实验发现骨架质子化学位移与蛋白质二级结构之间确有一定规律可循：相对于完全松散肽链的骨架质子化学位移而言，β-折叠的 NH 和 α-H 化学位移普遍向低场移动，而螺旋的质子化学位移则普遍向高场移动。

与蛋白质主侧链构象有关的偶合常数 J 可由 Karplus 方程直接推算出相应的骨架二面角 Φ 和 x 扭转角。如果偶合常数 $J < 6\mathrm{Hz}$，则为 α-螺旋；如果 $J > 8\mathrm{Hz}$，则为 β-折叠；如果 J 介于 $6 \sim 8\mathrm{Hz}$ 之间，则为完全松散肽链。此方法也仅适用于完全由 L 型氨基酸组成的多肽或蛋白质的二级结构的判定，不适用于 L 型、D 型氨基酸共同组成的蛋白质或多肽。

NOE 源于空间相近的两自旋核间偶极-偶极的相互作用，是通过交叉弛豫磁化转移产生的。NOE 的大小能反映两自旋核的空间距离，因此，它已成为研究分子空间结构的有力手段。一般说来，NOE 强的，质子间距离 $< 0.25\mathrm{nm}$；NOE 弱的，质子间距离介于 $0.25 \sim 0.35\mathrm{nm}$ 之间；NOE 极弱，几乎观察不到的，质子间距离 $> 0.35\mathrm{nm}$。

对于 α-螺旋结构，序列 $\mathrm{N}_i\mathrm{H}\text{-}\mathrm{N}_{i+1}\mathrm{H}$ 间距离 d_{NN} 大约为 0.28nm，$\mathrm{C}^\alpha\mathrm{H}_i$ 和 NH_{i+1} 间距离 $d_{\alpha\mathrm{N}}$ 为 0.35nm。而对于 β-折叠，d_{NN} 约为 0.42nm，$d_{\alpha\mathrm{N}}$ 为 0.22nm。

同位素交换法也是常用的二维蛋白结构测定技术。以 ^{2}D 标记的基团在 ^{1}H-NMR 谱中不能给出质子峰。对于已经形成折叠或螺旋的蛋白质和多肽，由于分子内或分子间氢键的作用，酰胺中 NH 质子能够稳定存在。加入 D_2O 后，这些质子与 D 交换缓慢，一段时间后观测 ^{1}H-NMR 谱，将发现仍然有相当强度的质子峰存在。对于完全松散肽链构象的蛋白质，因无氢键形成，加入 D_2O 后，^{2}D 与 NH 质子快速交换，^{1}H-NMR 谱中 NH 峰将消失。利用这个特性，可以较容易地将折叠或螺旋与完全松散肽链区分开。

总之，研究蛋白质的二级结构时，单靠某一种方法进行构象确定是不充分的，必须综合各种实验数据，多角度、多方面地进行分析。

（八）由 NMR 对蛋白质溶液三维结构的计算流程

由 NOE 导出的质子间距离是计算蛋白质三维溶液结构的主要实验依据。核磁共振数据计算蛋白质溶液三维结构的原理示于图 2-22。首先将核磁共振波谱提供的 NOE 和 J 偶合常数数据转化为用于结构计算的 ^{1}H 间距离和二面角约束文件，其中也包括形成氢键的原子对之间距离的约束。其次，结合从氨基酸得到的键角和键长数据，建立距离约束的矩阵。然后将距离空间的约束矩阵转换为坐标空间的矩阵，再由坐标空间矩阵建立蛋白质分子的初始结构。最后，运用模拟退火等计算方法对初始结构进行优化，并由分子动力学进行能量最小化计算，得到收敛的蛋白质三维结构的空间坐标。

四、红外光谱法

红外光波波长为 $0.78 \sim 1000\mu\mathrm{m}$，位于可见光波和微波的波长之间。其中 $0.78 \sim 2.5\mu\mathrm{m}$ 为近红外区，$2.5 \sim 25\mu\mathrm{m}$ 为中红外区，$25 \sim 1000\mu\mathrm{m}$ 为远红外区（far infrared band）。中红外区常用于红外及拉曼光谱分析。

红外光谱可分为发射光谱和吸收光谱两类。物质的发射光谱主要决定于物质的温度和化学组成，相应实验技术正在不断发展。红外吸收光谱法又称红外分光光度法，属于分子吸收光谱，是利用物质对红外光区的电磁辐射的选择性和吸收特性来进行结构分析、定性鉴定和定量测定的分析方法。

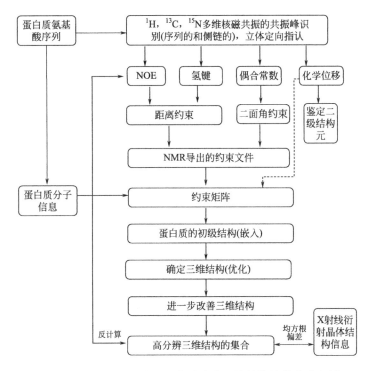

图 2-22　由 NMR 导出的蛋白质溶液三维结构计算的流程图

（一）基本原理

连续波长的红外光照射样品时，当其能量与样品分子振动或转动能级相当时，能引起分子振动能级和转动能级的跃迁而产生红外吸收光谱，简称红外光谱。但并非所有分子都能产生红外光谱。只有正负电中心不重合，即分子周围的电荷分布不对称的分子，当其发生振动或转动跃迁时才会引起偶极矩的净变化，产生一个可与辐射的电磁场相互作用的电磁场，从而产生红外光谱。相反，对称分子如 N_2、O_2 或 Cl_2，由于两个原子的电子云密度相同，发生振动或转动跃迁时，偶极矩无净变化，所以没有红外活性，不产生红外光谱。目前，研究和应用较多的是中红外区的红外光谱。

分子中基团的振动方式不同，会在光谱中特定区段产生相应的吸收峰，决定吸收谱带的位置与强弱。例如，基频区（波数 $4000 \sim 1300 cm^{-1}$）为基团的特征频率区，可用于确定分子结构，进行定性分析。指纹区（波数 $1300 \sim 600 cm^{-1}$）主要对应于 C—C、C—O、C—X 单键的伸缩振动或变形振动，可用于区别结构相似的化合物。因此，通过红外光谱分析，根据化合物的红外光谱特征谱带，可确定化合物包含的官能团，由红外光谱图结合其他性质，可确定化合物的结构。

（二）制样要求

红外吸收光谱法具有能量低、分子结构表征精细、样品用量少、应用范围广等特点。其制样应注意如下要求。

① 试样应为单一组分的纯物质，纯度应大于 98% 或符合商业规格，以便和纯物质的标准光谱进行比对。多组分试样应在测定前预先分离提纯，否则各组分光谱相互重叠，难以判断。

② 试样中不应含有游离水，因为水本身有红外吸收，会造成严重干扰。

③ 试样浓度和测试厚度应选择适当，以便光谱图中的大多数吸收峰的透射比处于 10%～80% 范围内。

(三) 傅里叶变换红外光谱仪

傅里叶变换红外光谱仪（fourier transform infrared spectrometer，FTIR spectrometer）主要由红外光源、迈克耳孙干涉仪、样品池、检测器、计算机数据处理系统、记录系统等组成[4]。FTIR 光谱仪利用迈克尔逊干涉仪获得入射光的干涉图，经样品后，样品吸收特征波数的能量，所得干涉图强度曲线发生变化，获得被吸收后的干涉图，然后通过傅里叶变换得到红外光谱图。

① 光源　FTIR 光谱仪为测定不同范围的光谱而设置有多个光源，常用钨丝灯或碘钨灯（近红外）、硅碳棒（中红外）、高压汞灯及氧化钍灯（远红外）。

② 迈克耳孙干涉仪　迈克耳孙干涉仪由分束器和动镜、定镜组成，其作用是将入射光束分成反射和透射两部分，然后再使之复合。通过移动动镜使两束光造成一定的光程差，则复合光束即可造成相长或相消干涉。

③ 检测器　FTIR 光谱仪常用的检测器有两类。一类是热检测器，通过将某些热电材料的晶体放在两块金属板中，当光照射到晶体上时，晶体表面电荷分布变化，由此可以测量红外辐射的功率。另一类是光检测器，是利用材料受光照射后，由于导电性能的变化而产生检测信号。通常，针对不同的光谱范围，选择不同的检测器。近红外常用锑化铟（InSb）检测器，有光电导型和光伏型；中红外常用 DTGS（氘代硫酸三甘肽）检测器和碲镉汞（mercury cadmium telluride，MCT）检测器，使用时需冷却至液氮温度（−196℃）以降低噪声；远红外常用带聚乙烯窗口的 DTGS 和液氦冷却的电阻式量热辐射计（He-cooled bolometer）。

④ 数据处理系统　以计算机为核心，控制仪器操作，收集和处理数据。

FTIR 红外光谱仪具有扫描速度快、分辨率高、波数精度高、灵敏度极高、光谱范围宽等优点。

五、动态光散射法

动态光散射（dynamic light scattering，DLS），又称光子相关光谱或准弹性光散射，可用于测量溶液或悬浮液中的粒径分布。DLS 法具有样品制备简单、测量过程迅速、检测灵敏度高、可重复性好以及能够反映溶液中样品分子的真实状态并检测样品动态变化等优点，已经成为纳米研究中常用表征方法，广泛应用于各种微粒系统的表征。

(一) 基本原理

DLS 法通过测量样品散射光强随时间的变化而得出样品的粒径信息。光在传播时若碰到颗粒，部分光被吸收，部分被散射。如果微粒或者粒子静止不动，散射光发生弹性散射时，能量频率均不变。然而，实际上微粒或者粒子不停地在做布朗运动，因而会使散射光产生多普勒频移（Doppler shift）。多普勒频移是指当移动台以恒定速率沿某一方向运动时，由传播路程差而造成的相位和频率的变化。通过检测散射光的频率变化，即可得出样品颗粒的运动信息，再根据 Stokes-Einstein 方程，即可得出样品的粒径信息。

Stokes-Einstein 方程：

$$D = \frac{K_B T}{3\pi\eta_0 d} \tag{2-39}$$

式中，D 为扩散系数；K_B 为玻尔兹曼常数；T 为绝对温度；d 为粒子的流体动力学直径；η_0 为溶液的黏滞系数。扩散系数与粒径成反比。因此，通过检测布朗运动信息以及测定液体媒介中颗粒的扩散系数，就可得出颗粒的流体动力学直径：

$$d = \frac{K_B T}{3\pi\eta_0 D} \tag{2-40}$$

（二）实验装置

DLS 实验装置示意如图 2-23。由 He-Ne 激光器（波长 632.8nm）发光入射到装有样品的矩形样品池上，在散射角为 90°的方向用接收端加有自聚焦透镜的光纤接收散射光。散射光经光纤进入光电倍增管放大后进入相关器，经相关器处理后的信号最终被送到计算机进行数据分析和计算。DLS 仪器的测量范围主要在亚微米和纳米级。

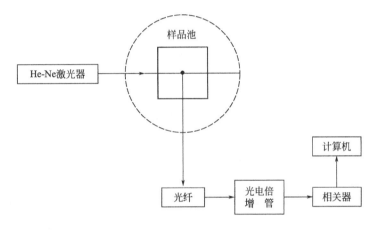

图 2-23　动态光散射实验装置图

（三）检测注意事项

在粒度分析中，需要注意仪器选择、样品分散、实验环境、参数的设置等因素以确保所获粒度数据的准确性。

① 仪器选择　样品测量分析前需要进行适当分析，包括待测样品的粒度范围、分散溶剂以及样品前处理等，根据待测样品的粒度分布，选择合适的测量仪器，最好使测量的粒径分布位于仪器量程的中段。

② 样品分散　样品的分散问题对检测所得粒度数据的准确性有重要影响。如果样品不能均匀分散在介质中，而是团聚或者溶解于介质中，则会导致检测失败。常用的分散介质有水和乙醇。然而，由于样品密度小，或者表面亲油或亲水性强等性质，可能难以均匀分散在介质中，会使测定结果产生较大偏差。通常，可以通过合适的分散介质选择、添加分散剂、超声分散、摇动、搅拌和研磨等其他分散技术改善样品的分散。

③ 实验环境　仪器放置的温度范围控制在 15～30℃，温度和湿度的波动尽量小，空气中的灰尘少，尽量避免阳光直射。

④ 参数设置　正确设置针孔大小等测量参数。样品粒径太小并且浓度太低时，可以将针孔设置为 100μm 以获得足够的散射强度。粉尘上、下限的设置等也可能影响测量结果。

（四）动态光散射法的应用

动态光散射法可以进行静态测量，也可以检测动态过程变化，在生物体系中有广泛应用，例如测定蛋白质分子的均一性，通过粒径变化判断蛋白质的聚合状态以测定 pH 稳定性或热稳定性，通过流体动力学半径的变化判断蛋白质的结构变化以研究蛋白质变性及折叠，利用胶束大小和单分子大小具有的明显区别以测定临界胶束浓度等。

六、透射电镜法

透射电子显微镜（transmission electron microscope，TEM）法，简称透射电镜法，是以电子束为光源，经加速和聚集后投射到样品薄片而成像的检测技术。

（一）基本原理

TEM 通过电子散射和电子衍射等原理成像。

电子散射是电子显微镜成像中的重要理论基础。当一束高能电子光束照射到试样上，运动的电子受固体中原子核及其周围电子形成的电场作用，改变其运动方向，称为电子散射。由于电子的粒子性，原子对入射电子的散射类似于球与球之间的碰撞。电子散射分为弹性散射和非弹性散射。其中，弹性散射只改变入射电子运动的方向而基本不改变电子的能量（即不改变波长和速度）；而非弹性散射既改变电子的运动方向，同时也会导致电子能量的损失。原子核对入射电子的散射主要是弹性散射。核外电子对入射电子的散射主要是非弹性散射。对于实际试样，在待定的试样点所发生的电子散射数量取决于试样厚度和密度，即试样的质厚。特定面积试样的散射能力直接正比于试样的质厚。

考虑到电子的波动性，能量不变的弹性散射波可以相互干涉得到加强或减弱。固体晶体中的原子在三维空间的排列具有周期性。电子受到这些规则排列的原子集合体的弹性散射后，各原子散射的电子波相互干涉使电子合成波在某些方向得到加强，而在某些方向减弱，在相干散射加强的方向产生电子衍射束。在 TEM 中，当这些电子衍射束被电磁透镜聚焦并放大投影到荧屏上或照相底板上，形成规则排列的斑点或线条，即得到电子衍射谱。弹性相干衍射是电子束在晶体中产生衍射现象的基础。因而可以对晶体样品进行电子衍射分析。

（二）仪器结构

TEM 基本由照明系统、成像系统、显像和记录系统、真空系统、供电系统组成，结构示意如图 2-24。

照明系统由电子枪和聚光镜系统组成。电子枪发射的电子经加速后，经过聚光镜（2～3个电磁透镜）汇聚到样品上。因电子的穿透能力很弱，样品必须很薄（一般小于 200nm）。穿透样品的电子携带样品本身的结构信息，经由成像系统中物镜、中间镜和投影镜的连续聚焦放大最终以图像或衍射谱的形式显示于荧光屏。

（三）样品制备

TEM 的样品需要限制厚度在 10～200nm 间以使电子束穿透。根据制备方法不同获得的样品分为直接样品和间接样品两类。

使用电解双喷、化学减薄、粉碎研磨、超薄切片、聚焦离子束等方法制备的样品为材料本体，称为直接样品。直接样品的制备一般包括如下步骤：初减薄，制备厚度约为 $100\sim200\mu m$ 的薄片；从薄片上切取 $\varphi 3mm$ 的薄片；从圆片的一侧或者两侧将圆片中心区域剪薄至数微米；终减薄，常用电解抛光和离子减薄的技术。

表面复型技术的发展使得 TEM 可用于观察非薄膜金属及其他材料的显微组织。该方法是将材料表面的浮凸进行复制，将复制出的薄膜作为观察对象，因而称为间接样品。

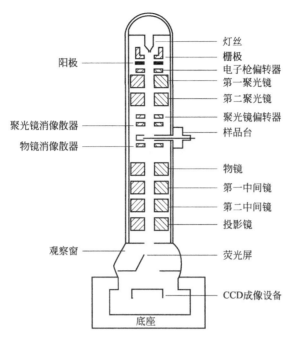

图 2-24　TEM 结构示意图

右侧标注（从上到下）：灯丝、栅极、电子枪偏转器、第一聚光镜、第二聚光镜、聚光镜偏转器、样品台、物镜、第一中间镜、第二中间镜、投影镜、荧光屏、CCD成像设备

左侧标注：阳极、聚光镜消像散器、物镜消像散器、观察窗、底座

七、原子力显微镜法

原子力显微镜（atomic force microscopy，AFM）是通过检测待测样品表面和一个微型力敏感元件之间的极微弱的原子间相互作用力以研究物质的表面结构及性质的分析仪器，可用于包括绝缘体在内的固体材料表面结构研究。

（一）基本原理

AFM 中，将一对微弱力极端敏感的微悬臂的一端固定，用另一端的微小针尖接近样品。此时，样品与针尖的相互作用使得微悬臂发生形变或运动状态发生变化。扫描样品时，利用传感器检测这些变化，就可获得作用力分布信息，从而以纳米级分辨率获得表面形貌结构信息及表面粗糙度信息。ATM 作为一种应用广泛的扫描探针显微镜（scanning probe microscope，SPM），其工作原理如图 2-25 所示，其中探针和扫描器是两个关键部分。

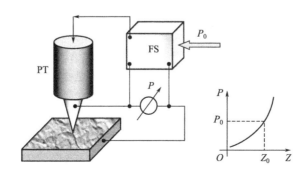

图 2-25　SPM 反馈系统工作原理示意图

Z—探针到样品表面距离；P—随 Z 变化的物理量；P_0—P 的参考阈值；
Z_0—P_0 对应的距离；PT—压电管；FS—反馈系统

通过探针接近样品表面，达到一定距离时在样品表面产生与探针-样品表面距离相关的信号。通过在 X 和 Y 两个方向移动扫描器，即可获得完整的样品表面信息。AFM 的探针为纳米级探针，装在一个另一端固定的弹性悬臂上。当扫描器移动时，针尖由于样品表面的起伏，受到的作用力不一致，从而使悬臂产生细微形变或振幅变化。悬臂的形变或振幅的改变十分微小。为检测该变化，AFM 采用光杠杆原理，即令一束激光束照射在悬臂顶端，并接收由此得到的反射激光，从而放大其变化情况。再利用光电检测器将光信号转化为电信号，通过电压的变化来反映激光束的移动，从而得到悬臂的形变量或振幅改变量。根据该信息与距离的公式，即可反解出样品表面的起伏程度，得到样品表面的形貌。当然，也可以由此研究样品表面的力学情况。

（二）仪器结构

AFM 仪器主要包括：用于产生激光的激光系统，装载有针尖的悬臂系统，进行样品表面扫描并可三维移动的压电驱动器，接受激光反馈信息的探测系统，以及处理反馈信息并输送信号给激振器的反馈线路等。此外，AFM 一般还配备有为了减少测量误差和稳定测量条件的防震系统、防噪声系统和温度湿度控制系统，以及数据处理系统等。其中，主要的是激光系统、悬臂系统、压电驱动器与探测、反馈系统。

① 激光系统　AFM 采用激光作为反馈的信号源，要求所用的激光必须稳定性高、发散程度低，还需具有可持续运行时间久、工作寿命长的特点。

② 悬臂系统　AFM 的针尖与样品之间作用力的变化需要通过弹性悬臂的形变量体现。因此，悬臂系统的好坏直接影响 AFM 的分辨率。一般悬臂的尺寸为微米级，其材质为 Si_3N_4，固有频率必须高于 $10kHz$，其弹性系数满足

$$k = 9.57mf^2$$

其中，m 为悬臂的质量，f 为悬臂的固有频率。而位于悬臂末端的探针针尖的曲率半径约为 $10nm$，探针针尖的几何物理特性制约着枕间的敏感性以及样品图像的空间分辨率。由于存在的"展宽效应"，针尖技术的发展在 AFM 中非常重要。要发展探针技术，其一是发展制得更尖锐的探针，其二是对探针进行修饰。

③ 压电驱动器　AFM 中压电驱动器的作用是使探针能够扫描到整个样品表面并记录探针高度的变化。

④ 探测系统与反馈线路　目前探测悬臂微形变的主要方法是光束偏转法，所产生光信号转化为电信号后传输到反馈线路，驱动样品台运动。

（三）工作模式

AFM 的工作模式，按照针尖与样品之间的作用力形式分类，主要可分为接触模式（contact mode）、非接触模式（non-contact mode）和敲击模式（tapping mode）。

① 接触模式　接触模式是 AFM 最直接的成像模式。AFM 在整个扫描成像过程之中，探针针尖始终与样品表面保持紧密的接触，而相互作用力是排斥力。扫描时，悬臂施加在针尖上的力有可能破坏试样的表面结构，力的大小范围在 $10^{-10} \sim 10^{-6}N$。若样品表面柔嫩而不能承受这样的力，便不宜选用接触模式对样品表面进行成像。该模式的优点为，由于针尖与样品表面直接"接触"，悬臂发生稳定的弯曲，往往能够得到稳定的高分辨率的图像。缺点也正是由于针尖与样品表面直接"接触"，很可能对样品表面造成破坏。同时，横向的剪切力、样品表面的毛细力、针尖与样品表面的摩擦力和压缩，都会影响成像质量。另外，该模式对测试用针尖的损伤也较大。

② 非接触模式　非接触模式探测试样表面时悬臂在距离试样表面上方 $5 \sim 10nm$ 的距离

处振荡，两者相互作用主要表现为分子间范德华引力。由于不与样品表面接触，该模式对样品表面几乎没有损伤。该模式的缺点是针尖与样品表面距离较大，且测定的是悬臂固有共振振幅的变化，因此分辨率低，而且扫描速度较慢。此外，样品放置于大气环境下，湿度超过30％时，会有一层5～10nm厚的水分子膜覆盖于样品表面上，造成不易回馈或回馈错误。该模式不得用于液相，往往只能用于疏水表面的样品。

③ 敲击模式　敲击模式介于接触模式和非接触模式之间。悬臂在试样表面上方以其共振频率振荡，针尖仅仅是周期性地短暂地接触或敲击样品表面。因此，针尖接触样品时所产生的侧向力被明显地减小。该模式的优点在于，能做到与样品表面直接接触，其分辨率几乎能达到接触模式的精度，并且轻敲模式下针尖与样品表面的接触是间断性的，因此不会对样品表面造成较大损伤。同时，该模式扫描时不受横向力的干扰，也可以不受在通常成像环境下样品表面可能附着的水膜的影响。轻敲模式可适用于分析柔性大的、具有黏性的以及脆性大的样品，也可用于液相扫描。该模式的缺点在于，扫描速度比接触模式可能要慢一些。

（四）制样要求

AFM适用于生物大分子、高分子、陶瓷、金属材料、矿物、皮革等固体材料等的显微结构和纳米结构的观测，以及粉末、微球颗粒形状、尺寸及粒径分布的观测等。样品的载体选择范围很大，包括云母片、玻璃片、石墨、抛光硅片、二氧化硅和某些生物膜等，选择基底的一个标准就是所选用的基底与待测样品相比，尽可能表面平整干净且无污染，其中新剥离的云母片表面非常平整且容易处理所以最常选用。样品和基底之间良好的固定对于AFM成像很重要，采用以下的方法准备样品会提高所得AFM图像的质量。利用静电相互作用使样品和云母表面结合牢固。例如，通常情况下云母表面带有负电荷，而蛋白质表面带有正电荷，尤其是当缓冲溶液的pH值小于蛋白质等电点pH时。此时蛋白质和云母基底之间的结合就比较牢固。另一方面，带负电的DNA可以经过硅烷化处理连接到表面，或通过在DNA缓冲溶液中加入一些正二价阳离子（例如Mg^{2+}、Ni^{2+}）后固定在带正电的基底上。利用电性能测试时需要导电性能良好的载体，如石墨或镀有金属的基片，也可以用导电胶将样品与样品台粘接牢固。

如果试样过重，有时会影响扫描管的动作，所以不能放过重的试样。试样的大小以不大于试样台的大小为大致的标准。试样需要固定好后再测定，如果未固定好就进行测量可能产生移位。

AFM扫描过程是逐行进行的，每行的扫描时间非常短。如果样品的高低起伏比较大，会导致部分样品表面探测不到而不能真实反映形貌。所以，通常要求样品表面平整度较好。又因所测的是微观区域，所以至少要求局部较为平整。

八、石英微晶天平

石英微晶天平（quartz crystal microbalance，QCM），又名石英晶体微天平、压电石英生物传感器，是一种质量检测器。QCM的测量精度可达纳克级，已被广泛应用于气体、液体的成分分析以及微质量的测量、薄膜厚度的检测等。

（一）基本原理

石英晶体无色透明，质地坚硬，是典型的压电晶体，具有压电效应。石英晶体的晶格在不受外力作用时呈正六边形。而当某个方向受到外力作用而变形时，会使晶格的电荷中心发生偏移而极化，在其内部产生极化现象，同时在其表面出现极性相反电荷，从而产生电场，当外力消失时，则恢复到不带电状态。产生的电荷极性随外力方向改变而改变，该现象称为压电效应。与此过程相反，当石英晶体受到交变电场作用时，晶体将在一定方向上产生机械变形。撤去外加电场后，变形即消失。该现象称为逆压电效应，也称作电致伸缩效应。利用逆压电效应，当外加交变电压的频率为某一特定值时，可产生压电谐振。晶片本身的谐振频率与晶片的切割方式、几何形状、尺寸有关。如果在晶体表面镀一层薄膜，则晶体的振动会减弱，而且振动或者频率的减少由薄膜的厚度和密度决定。因此，可以通过频率的改变获得晶体传感器上沉积物的质量。

QCM 就是利用石英晶体谐振器的压电特性，将石英晶振电极表面质量的变化转化为石英晶体振荡电路输出电信号的频率变化，进而通过计算机等设备处理获得数据。

（二）仪器结构

QCM 主要由石英谐振器（探头）、振荡器、信号检测和数据处理等部分组成，如图 2-26 所示。

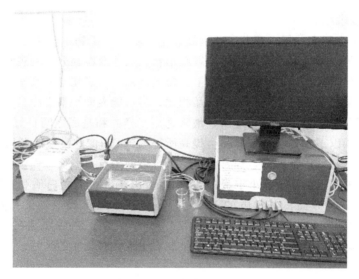

图 2-26　石英微晶天平

石英晶体振荡器一般由外壳、晶片、支架、电极板、引线等组成。外壳材料有金属、玻璃、胶木、塑料等，外形有圆柱形、管形、长方形、正方形等多种。晶片是从一块石英晶体上沿着与石英晶体主光轴成 35°15′切割（AT-切）得到的石英晶体振荡片。按切割晶体的方位不同，可将晶片分为 AT、BT、CT、DT、X、T 等多种切型。不同切型的晶片特性也不尽相同，尤其是频率温度特性相差较大。

石英谐振器是传感器的接受器和转换器，由 AT-切石英晶体片经真空沉积或蒸镀等方式在晶体上下表面修饰两个平行的金属电极构成。常用金属有 Au、Ag、Pt、Ni、Pd。

QCM 样品池。传统 QCM 仪器流动样品池可以进行水相/油相等液相实验。窗口流动池可以与光学显微镜联合，同时观测诸如细胞等在芯片表面增殖的过程。电化学样品池可以实时检测吸附样品阻抗等电化学性质的变化。光学样品池可以实现光化学反应实验。椭偏样品池基于椭偏仪原理，可以精确地测量吸附层的含水量。

QCM 的一般附属结构还包括振荡线路、频率计数器、计算机系统，以及辅助输出设备如显示器、打印机等。

（三）特点

QCM 具有实时测量、结构变化检测以及广泛的表面选择等特点。QCM 的优点包括：稳定性好，检测信噪比高；灵敏度高；响应速度快；容易操作，有利于在线实时检测和远程监控；石英晶片价格适当，利于大规模生产。QCM 也存在使用方面的限制，例如，QCM 的检测机理是物质在石英晶片表面的沉积，因此其检测部件——石英晶片及其表面选择性涂层的可重复利用率较低。

（四）操作方法和注意事项

① 样品处理　样品需要均匀涂布于电极表面以获得重复性、再现性好的测量结果，制样方法包括真空镀膜、喷雾和电镀等。

② 数据处理　计算增加量时，应选择温度相同、输出功率相同的两个点进行处理。

第三章

普通实验

实验一 实验的基本操作及要求

一、玻璃仪器的洗涤及各种洗液的配制方法

实验中所使用的玻璃仪器清洁与否，直接影响实验结果，往往由仪器的不清洁或被污染而造成较大的实验误差。因此，玻璃仪器的洗涤清洁工作是非常重要的。

1. 初用玻璃仪器的清洗

新购买的玻璃仪器表面常附有游离的碱性物质，可先用洗涤灵稀释液、肥皂水或去污粉等洗刷后再用自来水洗干净，然后浸泡在1%～2%盐酸溶液中过夜（不少于4h），再用自来水冲洗，最后用蒸馏水冲洗2～3次，80～100℃烘箱内干烤或倒置晾干备用。

2. 使用过的玻璃仪器的清洗

（1）一般玻璃仪器　如试管、烧杯、锥形瓶等（包括量筒），先用自来水洗刷至无污物，再选用大小合适的毛刷蘸取洗涤灵稀释液或浸入洗涤灵稀释液内，将器皿内外（特别是内壁）细心刷洗，用自来水冲洗干净后再用蒸馏水冲洗2～3次，烤干或倒置在清洁处，干后备用。凡洗净的玻璃器皿，不应在器壁上带有水珠，否则表示尚未洗干净，应再按上述方法重新洗涤。若发现内壁有难以去掉的污迹，应分别使用各种专用洗涤剂予以清除，再重新冲洗。

（2）量器　如移液管、滴定管、量瓶等。使用后应立即浸泡于凉水中，勿使量器内物质干燥。工作完毕后用流水冲洗，以除去附着的试剂、蛋白质等物质。晾干后浸泡在铬酸洗液中4～6h（或过夜），再用自来水充分冲洗，最后用蒸馏水冲洗2～4次，风干备用。

（3）其他　盛有传染性样品的容器，如病毒、传染病患者的血清等沾污过的容器，应先进行高压（或其他方法）消毒后再进行清洗。盛过各种有毒药品，特别是剧毒药品和放射性同位素等物质的容器，必须经过专门处理，确定没有残余毒物存在后方可进行清洗。

3. 比较脏的器皿或不便刷洗的器械的清洗

比较脏的器皿或不便刷洗的器械（如吸管）先用软纸擦去可能存在的凡士林或其他油污，用有机溶剂（如苯、煤油等）擦净，再用自来水冲洗后控干，然后放入铬酸洗液中浸泡过夜。取出后用自来水反复冲洗，直至除去洗液，最后用蒸馏水冲洗数次。

4. 干燥

普通玻璃器皿可在烘箱内烘干，但定量的玻璃器皿不能加热，一般采取控干或依次用少量酒精、乙醚涮洗后用温热的气流吹干。

5. 洗涤液的种类和配制方法

（1）铬酸洗液　即重铬酸钾-硫酸洗液，简称为洗液，广泛用于玻璃仪器的洗涤。常用的配制方法有如下四种。

① 取 100mL 工业浓硫酸置于烧杯内，小心加热，然后缓慢加入 5g 重铬酸钾粉末，不断搅拌待全部溶解后冷却，贮存于具有玻璃塞的细口瓶内。

② 称取 5g 重铬酸钾粉末置于 250mL 烧杯中，加水 5mL，尽量使其溶解。慢慢加入浓硫酸 100mL，边加边搅拌。冷却后贮存备用。

③ 称取 80g 重铬酸钾，溶于 1000mL 自来水中，慢慢加入工业硫酸 100mL（边加边用玻璃棒搅动）。

④ 称取 200g 重铬酸钾，溶于 500mL 自来水中，慢慢加入工业硫酸 500mL（边加边搅拌）。

（2）浓盐酸（工业用）　可洗去水垢或某些无机盐沉淀。

（3）5%草酸溶液　用数滴硫酸酸化，可洗去高锰酸钾的痕迹。

（4）5%～10%磷酸三钠（$Na_3PO_4 \cdot 12H_2O$）溶液　可洗涤油污。

（5）30%硝酸溶液　洗涤 CO_2 测定仪器及微量滴管。

（6）5%～10%乙二胺四乙酸二钠（EDTA-Na_2）溶液　加热煮沸可除去玻璃仪器内壁的白色沉淀物。

（7）尿素洗涤液　为蛋白质的良好溶剂，用于洗涤盛有蛋白质制剂及血样的容器。

（8）酒精与浓硝酸混合液　最适合洗涤滴定管，在滴定管中加入 3mL 酒精，然后沿管壁慢慢加入 4mL 浓硝酸（相对密度 1.4），盖住滴定管管口，利用所产生的氧化氮洗净滴定管。

（9）有机溶剂　如丙酮、乙醇、乙醚等可用于洗涤油脂、脂溶性染料等污痕。二甲苯可洗脱油漆的污垢。

（10）氢氧化钾的乙醇溶液和含有高锰酸钾的氢氧化钠溶液　是两种强碱性的洗涤液，对于玻璃器皿的侵蚀性很强，可清除容器内壁污垢，洗涤时间不宜过长。使用时应小心慎重。

二、搅拌和振荡

配制的溶液必须充分搅拌或振荡混匀后才可使用。常用的溶液混匀方法有以下几种。

1. 搅拌式

适用于烧杯内溶液的混匀，使用时，应注意以下几点。

① 搅拌使用的玻璃棒必须两头都烧圆滑。

② 搅棒的粗细长短，必须与容器的大小和所配制溶液的多少成适当比例关系。

③ 搅拌时，尽量使搅棒沿着器壁运动，不搅入空气，不使溶液飞溅，也尽量减少与器

壁碰撞。

④ 倾入液体时，必须沿器壁慢慢倾入，以免有大量空气混入。倾倒表面张力低的液体（如蛋白质溶液）时，更需缓慢仔细。

⑤ 研磨配制胶体溶液时，要使杵棒沿着研钵的一个方向进行研磨，不要来回研磨。

2. 旋转式

适用于锥形瓶、大试管内溶液的混匀。振荡溶液时，手握住容器后以手腕、肘或肩作轴旋转容器，不应上下振荡。

3. 弹打式

适用于离心管、小试管内溶液的混匀。可由一手持管的上端，用另一手的手指弹动离心管。也可以用同一手的大拇指和食指持管的上端，用其余三个手指弹动离心管。手指持管的松紧要随着振动的幅度变化。还可以将双手掌心相对合拢，夹住离心管来回搓动。

在容量瓶中混合液体时，应倒持容量瓶摇动，用食指或手心顶住瓶塞，并不时翻转容量瓶。在分液漏斗中振荡液体时，应用一只手在适当斜度下倒持漏斗，用食指或手心顶住瓶塞，并用另一只手控制漏斗的活塞。一边振荡，一边开动活塞，使气体可以随时由漏斗泄出。

三、容量玻璃器皿的使用方法

容量器皿有装量和卸量两种。前者表示引入容器的液体体积（有确定值），后者表示倒出容器的液体体积（有确定值），容量瓶和单刻度试管为装量器皿，滴定管、一般吸管和量筒等均为卸量器皿。

（一）移液管

移液管是生物化学实验中最常用的卸量容器。移取溶液时，如移液管不干燥，应预先用所吸取的溶液将移液管润洗 2～3 次，以确保所吸取的操作溶液浓度不变。吸取溶液时，一般用右手的大拇指和中指捏住管颈刻度线上方，把管尖插入溶液中；左手拿吸耳球，先把球内空气压出，然后把吸耳球的尖端接在移液管口，慢慢松开左手指，使溶液吸入管内。当液面升高至刻度以上时，移开吸耳球，立即用右手的食指按住管口，大拇指和中指捏住移液管刻度线上方再使移液管离开液面，此时管的末端仍靠在盛溶液器皿的内壁上。略为放松食指，使液面平稳下降，直到溶液的弯月面与刻度标线相切时，立即用食指压紧管口，取出移液管，插入接受器中，管尖仍靠在接受器内壁，此时移液管应垂直，接受器与之保持约 15°夹角。松开食指让管内溶液自然地沿器壁流下。遗留在移液管尖端的溶液及停留的时间要根据移液管的种类进行不同处理。

1. 无分度移液管（单刻度移液管）

使用普通无分度移液管卸量时，管尖所遗留的少量溶液不要吹出，停留等待 3s，同时转动移液管。

2. 分度移液管（多刻度移液管、直管移液管）

分度移液管有完全流出式、吹出式和不完全流出式等多种形式。

（1）完全流出式   上方有零刻度，下方无总量刻度的，或上方有总量刻度，下方无零刻度的为完全流出式。这种移液管又分为慢流速、快流速两种。按其容量和精密度不同，慢流速吸管又分为 A 级与 B 级，快流速移液管只有 B 级。使用时 A 级最后停留 15s，B 级停留 3s，同时转动吸管，尖端遗留液体不要吹出。但由于产品质量不同，如按上述操作，每次停留 15s 或 3s 会造成卸量不同，出现误差（甚至是很大的误差）。因此，应根据实验条件，采取全部吹出的方式。这样会减小平行实验中出现的误差，也更有利于结果的分析。

（2）吹出式　标有"吹"字的为吹出式，使用时最后应使用吸耳球吹出管尖内遗留的液体。

（3）不完全流出式　有零刻度也有总量刻度的为不完全流出式。使用时全速流出至相应的容量标刻线处。

为便于准确快速地选取所需的移液管，国际标准化组织统一规定：在分度移液管的上方印上各种彩色环，其容积标志如表 3-1 所示。

表 3-1　刻度移液管的容积标志表

标准容量/mL	0.1	0.2	0.25	0.5	1	2	5	10	25	50
色　　标	单红	单黑	双白	双红	单黄	单黑	单红	单橘红	单白	单黑

不完全流出式在单环或双环上方再加印一条宽 1~1.5mm 的同颜色彩环，以与完全流出式分度移液管相区别。

3. 使用注意事项

（1）应根据不同的需要选用大小合适的移液管，如欲量取 1.5mL 的溶液，显然选用 2mL 移液管要比选用 1mL 或 5mL 移液管误差小。

（2）吸取溶液时要把移液管插入溶液深处，避免吸入空气而使溶液从上端溢出。

（3）移液管从液体中移出后必须用滤纸将管的外壁擦干，再行放液。

（二）滴定管

可以准确量取不固定量的溶液或用于容量分析。常用的常量滴定管有 25mL 及 50mL 两种，其最小刻度单位是 0.1mL，滴定后读数时可以估计到小数点后两位数字。在生物化学工作中常使用 2mL 及 5mL 半微量滴定管。这种滴定管内径狭窄，尖端流出的液滴也小，最小刻度单位是 0.01~0.02mL，读数可到小数点后第三位数字。在读数以前要多等候一段时间，以便让溶液缓慢流下。

（三）量筒

量筒不是移液管或滴定管的代用品。在准确度要求不高的情况下，用来量取相对大量的液体。不需加热促进溶解的定性试剂可直接在具有玻璃塞的量筒中配制。

（四）容量瓶

容量瓶具有狭窄的颈部和环形的刻度。是在一定温度下（通常为 20℃）量取准确体积的容器。使用前应检查容量瓶的瓶塞是否漏水，合格的瓶塞应系在瓶颈上，不得任意更换。容量瓶刻度以上的内壁挂有水珠会影响准确度，所以应该洗得很干净。所称量的任何固体物质必须先在小烧杯中溶解或加热溶解，冷却至室温后才能转移到容量瓶中。容量瓶绝不应加热或烘干。

四、思考题

① 量筒和容量瓶应如何干燥，为什么？

② 能否将固体药品直接放入容量瓶中溶解，为什么？

实验二 / **糖的颜色反应**

一、莫氏实验

1. 原理

糖类经浓无机酸（硫酸、盐酸）脱水产生糠醛或糠醛衍生物，后者能与 α-萘酚生成紫红色缩合物，在糖液和浓酸的液面间形成紫色环，所以又叫紫环反应。此法为鉴定糖的最常用方法。但一些非糖物质（如糠醛、糖醛酸、丙酮、甲酸等）也呈阳性反应，所以莫氏（Molisch）反应为阴性可以确定无糖存在，阳性则表明样品中可能含有糖，但不能确定是糖还是糖的衍生物，见图 3-1。该反应很灵敏，滤纸屑也会造成假阳性。浓硫酸如果直接与莫氏试剂反应，会生成绿色，影响观察。所以操作中加入莫氏试剂时，应该直接滴加到样品中，不要碰到试管壁，以免影响实验结果。

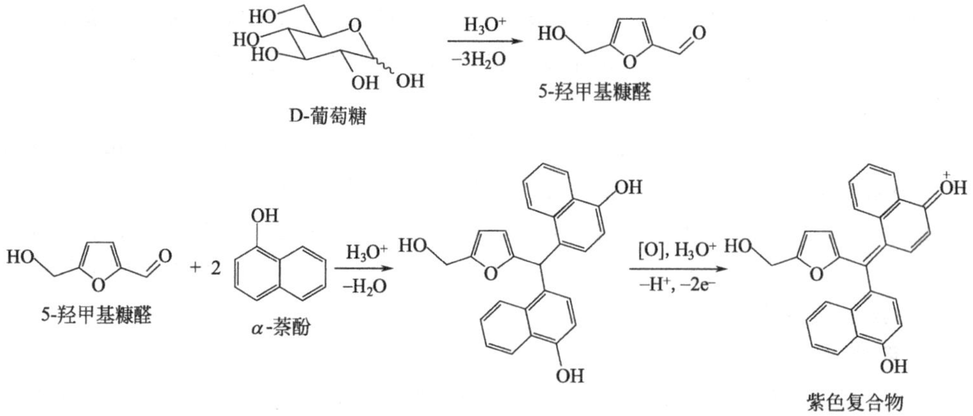

图 3-1　Molisch 反应机制

2. 实验器材

棉花；滤纸；移液管（1mL、2mL）；试管。

3. 材料及试剂

① 莫氏试剂　称取 α-萘酚 5g，溶于 95％酒精并稀释至 100mL。此试剂须新鲜配制，并储存于棕色瓶中。

② 1％蔗糖溶液　称取蔗糖 1g，溶于蒸馏水并定容至 100mL。

③ 1％葡萄糖溶液　称取葡萄糖 1g，溶于蒸馏水并定容至 100mL。

④ 1％淀粉溶液　将 1g 可溶性淀粉与少量蒸馏水混合成浆状物，然后缓缓倾入沸蒸馏水中，边加边搅拌，最后以沸蒸馏水稀释至 100mL。

4. 操作方法

在 4 支试管中，分别加入 1% 葡萄糖溶液、1% 蔗糖溶液、1% 淀粉溶液和少许纤维素（棉花或滤纸浸在 1mL 水中）各 1mL，然后分别加入莫氏试剂 2 滴，摇匀，将试管倾斜，沿试管壁缓缓加入浓硫酸 1.5mL（切勿振动），硫酸层沉于试管底部与糖溶液分成两层。观察液面交界处有无紫色环出现。记录实验现象。

二、塞氏实验

1. 原理

塞氏（Seliwanoff）反应用于鉴别酮糖与醛糖。酮糖在浓酸的作用下，脱水生成 5-羟甲基醛，后者与间苯二酚作用，在 20～30s 内呈鲜红色反应。醛糖反应慢，颜色浅，增加浓度或长时间煮沸才出现较浅的粉红色。

2. 实验器材

移液管（0.5mL、5mL）；试管；恒温水浴锅。

3. 材料及试剂

① 塞氏试剂　将 50mg 间苯二酚溶于 100mL 盐酸中（H_2O：HCl＝2：1，V/V），临用时配制。

② 1% 果糖溶液　称取果糖 1g，溶于蒸馏水并定容至 100mL。

③ 1% 葡萄糖溶液　称取葡萄糖 1g，溶于蒸馏水并定容至 100mL。

④ 1% 蔗糖溶液　称取蔗糖 1g，溶于蒸馏水并定容至 100mL。

4. 操作方法

在 3 支试管中分别加入 1% 葡萄糖溶液、1% 蔗糖溶液和 1% 果糖溶液各 0.5mL，然后分别加入塞氏试剂 2.5mL，摇匀，同时置于沸水浴内。比较各管颜色变化及红色出现的先后次序，记录实验现象。

三、杜氏试验

1. 原理

戊糖在浓酸溶液中生成糠醛，后者与间苯三酚结合形成樱桃红色物质。杜氏（Tollen）实验虽常用来鉴定戊糖的反应，但并非戊糖特有的反应，果糖、半乳糖和糖醛酸等均呈阳性反应。但戊糖反应最快，通常在 45s 内即产生樱桃红色沉淀。

2. 实验器材

移液管；试管；水浴锅。

3. 材料及试剂

① 杜氏试剂　2% 间苯三酚乙醇（95%）溶液 3mL，缓缓加入浓盐酸 15mL 及蒸馏水 9mL。临用时配制。

② 1% 阿拉伯糖溶液　称取阿拉伯糖 1g，溶于蒸馏水并定容至 100mL。

③ 1% 葡萄糖溶液　称取葡萄糖 1g，溶于蒸馏水并定容至 100mL。

④ 1% 半乳糖溶液　称取半乳糖 1g，溶于蒸馏水并定容至 100mL。

4. 操作方法

在 3 支试管中各加入杜氏试剂 1mL，再分别加入 1 滴 1% 葡萄糖溶液、1% 半乳糖溶液和 1% 阿拉伯糖溶液，混匀。将各试管同时放入沸水浴中，观察颜色的变化，并记录颜色变化的时间。

四、思考题

① 用什么方法鉴定糖？
② 用什么方法鉴定酮糖？

实验三 | 3，5-二硝基水杨酸（DNS）法测定还原糖

一、目的

掌握还原糖定量测定的原理和方法。

二、原理

糖的测定方法有物理法和化学法两类。由于化学法比较准确，故常被使用。

还原糖的测定是糖定量测定的基本方法。还原糖是指含有自由醛基和酮基的糖类。单糖都是还原糖。利用单糖、双糖与多糖的溶解度不同可把它们分开。用酸水解法使没有还原性的双糖彻底水解成具有还原性的单糖，再进行测定，就可以求出样品中还原糖的含量。

有多种方法可用于测定还原糖。在碱性溶液中，还原糖变为烯二醇（1,2-烯二醇）。

烯二醇易被各种氧化剂如铁氰化物、3,5-二硝基水杨酸和 Cu^{2+} 氧化为糖酸。铁氰化物和二硝基水杨酸盐的氧化作用是还原糖定量测定的基础。还原糖和碱性二硝基水杨酸试剂一起共热，产生一种棕红色的氨基化合物。在一定的浓度范围内，棕红色物质颜色的深浅程度与还原糖的量成正比，由此即可测定样品中还原糖以及总糖的量。

三、实验器材

烧杯；pH 试纸；100mL 容量瓶；玻璃漏斗；移液管（0.1mL、0.5mL、1mL、5mL、10mL）；量筒（10mL、100mL）；试管及试管架；恒温水浴。

四、材料与试剂

① 碾碎的小麦粉。

② 6mol/L HCl　50mL 浓盐酸加水稀释到 100mL。

③ 6mol/L NaOH　240g NaOH 溶解于 500mL 水中，加水定容至 1000mL。

④ 碘-碘化钾溶液　20g 碘化钾和 10g 碘溶于 100mL 水中。使用前，取 1mL 加水稀释到 20mL。

⑤ 1mg/mL 的葡萄糖溶液。

⑥ 3,5-二硝基水杨酸（DNS）　6.3g 3,5-二硝基水杨酸溶于 262mL 2mol/L 的氢氧化钠溶液中。将此溶液与 500mL 含有 182g 酒石酸钾钠的热水混合。向该溶液中再加入 5g 重蒸酚和 5g 亚硫酸钠，充分搅拌使之溶解，待溶液冷却后，用水稀释到 1000mL。储存于棕色瓶中（需要在冰箱中放置一周方可使用）。

五、操作方法

1. 葡萄糖标准曲线制作

① 按表 3-2 制备 9 个试管。

表 3-2　标准葡萄糖曲线浓度的量取

管号	葡萄糖液/mL	水/mL	最终浓度/(mg/mL)
1	0.00	0.50	0.00
2	0.05	0.45	0.10
3	0.10	0.40	0.20
4	0.15	0.35	0.30
5	0.20	0.30	0.40
6	0.25	0.25	0.50
7	0.30	0.20	0.60
8	0.35	0.15	0.70
9	0.40	0.10	0.80

② 向 9 支试管中分别加入 DNS 试剂 0.5mL，充分混合。

③ 将 9 支试管放入沸水浴中加热煮沸 5min。

④ 将试管放入盛有冷水的烧杯中冷却。

⑤ 向各管中分别加入 4mL 蒸馏水，充分混合。

⑥ 以空白管（1 管）为对照，于 540nm 波长下，分别测定各管的 A 值。

⑦ 以每管在 540nm 下的吸收值为纵坐标，每管所含的葡萄糖浓度为横坐标作图，即可得到一条直线。如果该直线不是通过零点的直线，必须重做。

2. 还原糖的制备

① 称取 2g 碾碎的小麦粉，放入一个 100mL 的烧杯中，然后加入 50~60mL 蒸馏水，搅拌均匀。

② 将烧杯放于 50℃ 水浴中保温 30min。

③ 拿出烧杯，将烧杯中物质转入一个 100mL 的容量瓶中，加水到刻度。充分混合、过滤，滤出液用于测定还原糖。

3. 样品的酸水解和总糖的提取

① 把 1g 小麦粉溶于 15mL 水中并加入 10mL 6mol/L 的盐酸混合。

② 混合后，将烧杯放于沸水浴中加热煮沸 30min。

③ 拿出烧杯，冷却。

④ 加入 6mol/L 的 NaOH 中和烧杯内含物。

⑤ 将中和后的溶液转入一个 100mL 的容量瓶中，加水到刻度线，充分混合。

⑥ 将容量瓶中的溶液过滤。

⑦ 取 1mL 滤出液加水到 10mL。

4. 小麦样品中总糖和还原糖的测定

① 取 5 支试管，编号为 1、2、3、4、5，按表 3-3 向每支试管中加入试剂。

② 以管 1 作为对照，测定每管在 540nm 下的 A 值。将结果记录在表 3-3 中。

表 3-3　小麦粉中总糖和还原糖的测定

试剂	管号				
	1	2	3	4	5
还原糖抽提液/mL	0	0.5	0.5	0	0
总糖抽提液/mL	0	0	0	0.5	0.5
DNS/mL	0.5	0.5	0.5	0.5	0.5
在沸水浴中加热 5min，然后冷却					
蒸馏水/mL	4.5	4	4	4	4
A_{540}					

③ 根据还原糖和总糖的 A 值，使用葡萄糖的标准工作曲线，计算还原糖和总糖的含量，即：

$$还原糖/\% = \frac{从曲线中查出的还原糖浓度 \times N \times V}{样品质量}$$

$$总糖/\% = \frac{从曲线中查出的总糖浓度 \times N \times V}{样品质量}$$

式中，N 为稀释倍数；V 为溶液的体积。

六、思考题

① 在做比色测定物质含量时为什么要设空白对照管？

② 比色测定的基本原理是什么？操作步骤有哪些？

实验四　淀粉酶对壳聚糖降解过程的测定

一、目的

① 了解酶水解壳聚糖的原理和方法。

② 掌握还原糖浓度的测定方法。

③ 掌握反应初速度的测定方法。

二、原理

壳聚糖是甲壳质脱乙酰的产物，具有良好的水溶性、吸湿性、保湿性以及抗菌、抑菌、提高机体免疫、抗肿瘤、降低血压、吸附胆固醇等功能，应用前景极为广阔。壳聚糖是 N-乙酰-D-葡糖胺以 β-1,4-糖苷键相连而成的化合物，其降解的主要方法包括化学降解法、物理降解法和酶降解法。其中酶降解法因具有特异性和选择性高（可选择性切断 β-1,4-糖苷键）、降解过程和降解产物的分子量易于控制、可得到所需分子量范围的壳寡糖、反应条件温和及产物安全性好等优点被广泛研究。目前已发现 30 多种酶可用于壳聚糖的降解反应。本实验采用淀粉酶降解壳聚糖，在不同的处理时间取样，用碱性铁氰化钾法测定 420nm 处的吸光度，即可得到各时间下的还原糖浓度。以还原糖浓度对反应时间作图，得到酶解反应动力学曲线，图中直线线段的斜率即为该酶促反应的初速度。

三、实验器材

分光光度计；恒温水浴锅；移液管（0.1mL、0.5mL、1mL、5mL）；烧杯；试管；100mL、500mL 容量瓶；500mL 三角瓶；电炉；比色皿；摇床。

四、材料与试剂

① 淀粉酶　酶活力大于或等于 1500U/g。

② 壳聚糖　脱乙酰度 83.97%。

③ 1mol/L 的醋酸　称取 30g 冰乙酸，加入 300mL 蒸馏水，定容至 500mL。

④ 0.5mol/L 碳酸氢钠溶液　称取 21g 碳酸氢钠溶于 300mL 蒸馏水中，定容至 500mL。

⑤ N-乙酰-D-氨基葡萄糖（2mg/mL）标准溶液　准确称取于 105℃烘干至恒重的 N-乙酰-D-氨基葡萄糖 0.2g，加水定容至 100mL。

⑥ 碱性铁氰化钾溶液　称取 10g 铁氰化钾，溶解于 1000mL 0.5mol/L 碳酸钠溶液中，储存于棕色试剂瓶中备用。

五、操作方法

1. N-乙酰-D-氨基葡萄糖标准曲线的绘制

取 5 支试管，编号为 1、2、3、4、5，按表 3-4 加入试剂。

表 3-4　N-乙酰-D-氨基葡萄糖标准曲线制作

试管号	1	2	3	4	5
N-乙酰-D-氨基葡萄糖标准溶液/mL	0	0.2	0.4	0.6	0.8
水/mL	1	0.8	0.6	0.4	0.2
碱性铁氰化钾溶液/mL	0.5	0.5	0.5	0.5	0.5
A_{420}					

混匀各管液体后，以 1 号管作空白对照，测定各管在 420nm 下的吸光值。以吸光值为

纵坐标，N-乙酰-D-氨基葡萄糖浓度为横坐标作图，得到标准曲线。

2. 壳聚糖的酶法降解

① 壳聚糖预处理　称取 20g 壳聚糖于烧杯中，加入 200mL 去离子水，放置 30min。待其充分溶胀后缓慢加入 1mol/L 的醋酸 200mL，并不断搅拌直至完全溶解；再缓慢加入 0.5mol/L 的碳酸氢钠溶液调节 pH 至 5.5，置于 4℃ 冰箱中保存备用。

② 壳聚糖的酶法降解　取 360mL 经预处理的壳聚糖溶液，移入 500mL 三角瓶中，并将三角瓶置于 50℃ 恒温摇床中，调节转速为 120r/min，振荡培养 20min 后，取出 1mL，测其还原糖浓度，作为反应起始点的还原糖浓度。向三角瓶中加入 40mL 淀粉酶溶液开始酶解，共作用 2h。每隔 20min 取样 1mL，煮沸 3min 使酶灭活，然后测定还原糖浓度。

3. 还原糖浓度测定

取 2 支试管，1 支为反应管，另 1 支为空白管。按照表 3-5 分别加入经酶降解后的壳聚糖溶液（空白管用蒸馏水代替）、碱性铁氰化钾溶液和蒸馏水，混合均匀。将比色管置于沸水浴中反应 15min，冷却。过滤反应液，于 420nm 波长，测定反应管的吸光值 A_{420} 和空白管的吸光值 A_{420}^* 值。算出 $\Delta A = A_{420} - A_{420}^*$，根据 ΔA 的值由标准曲线即可查出还原糖浓度。如测得吸光度 A 超过 0.8 应适当稀释。

表 3-5　壳聚糖降解反应

试剂	酶反应管/mL	空白管/mL
酶解壳聚糖溶液	1	—
碱性铁氰化钾溶液	4	4
蒸馏水	1	2
沸水浴中反应 15min		
A_{420}		

4. 酶反应动力学曲线的制作

测定不同降解时间的还原糖浓度，根据表 3-6 所列数据，以还原糖浓度为纵坐标，反应时间为横坐标，绘出酶反应动力学曲线，曲线的斜率即为酶反应的初速度。

表 3-6　壳聚糖降解反应进程

反应时间/min	0	20	40	60	80	100	120
A_{420}							
ΔA							
稀释倍数							
还原糖浓度/(mg/mL)							

六、思考题

① 壳聚糖的降解方法有哪些？哪种方法最优？为什么？

② 本实验采取何种方法测定酶促反应速度？

实验五

残余法对粗脂肪含量的测定

一、目的

掌握粗脂肪提取的原理和方法。

二、原理

粗脂肪含量是粮食、油料、饲料等产品标准中重要的质量指标，索氏萃取法（Soxhlet extraction method）是公认的测量分析粗脂肪的经典方法，是我国粮油分析首选的标准方法。

本实验采用索氏萃取法中的残余法，在沸点低于 60℃ 的有机溶剂（乙醚或石油醚）中回流抽提粗脂肪，然后计算出样品与残渣质量之差，即为粗脂肪质量（索氏萃取器示意见图 3-2）。因提取的物质是脂类物质的混合物，故称其为粗脂肪。

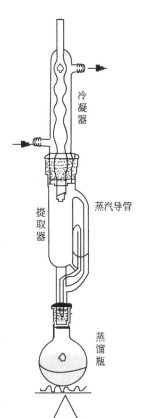

图 3-2　索氏萃取器示意图

三、实验器材

电子天平（最小分度值 0.001）；YG-2 型索氏萃取器（如图 3-2）；恒温水浴锅；烘箱；干燥器；培养皿；称量瓶；长镊子；60 目样品筛；滤纸。

四、材料与试剂

① 油料作物种子（大豆、花生或水稻种子），种子经粉碎后过 60 目样品筛，备用。

② 无水乙醚。

五、操作方法

① 纸包烘干　将滤纸叠成口袋，用硬铅笔编写顺序号，置于培养皿中，在 105℃±2℃ 烘箱中干燥 2h 取出，放入干燥器中冷却至室温，再放入称量瓶中称重（m_1）。

② 样品烘干称重　称取上述制备的油料种子粉样品 2g，用烘干后的包纸包好封口，105℃±2℃ 烘箱中干燥 3h 取出，在干燥器中冷却至室温，将样品包放入称量瓶中称重（m_2）。

③ 抽提　将样品包用长镊子装入索式萃取器，倒入无水乙醚，完全浸泡样包，连接好提取器各部分，浸泡至少 16h。将萃取器中的无水乙醚移入抽

提瓶中，在抽提瓶中放入几粒玻璃球，萃取器中重新倒入无水乙醚以完全浸泡样包，再连接好仪器各部分，接通冷凝水，在 $60\sim75℃$ 的水浴中加热，使乙醚回流，控制冷凝下滴的乙醚成连珠状（约 2 滴/s）或乙醚回流次数为 8 次/h。一般抽提 $6\sim8h$。抽提后回收乙醚。

④ 取样烘干称重　用长镊子取出样包，在通风橱中使乙醚挥发。待挥发后将滤纸包置于 $105℃\pm2℃$ 烘箱中，干燥 2h 取出放入干燥器中冷却至室温，再放入称量瓶中称重 (m_3)。

六、结果与分析

$$粗脂肪含量=\frac{m_2-m_3}{m_2-m_1}$$

式中，m_1 为烘干的滤纸包的质量，g；m_2 为装样品的烘干滤纸包的质量，g；m_3 为装有抽提后残渣的烘干滤纸包的质量，g。

七、注意事项

① 测定用样品、有机溶剂、抽提器都需要脱水处理。若抽提体系中有水，会使样品中水溶性物质溶出，测定结果偏高，而且抽提溶剂容易被水饱和，影响抽提效率；若样品中有水，抽提溶剂不易进入细胞组织内部，脂肪抽提不彻底。

② 样品粗细度要合适。样品粉末过粗，脂肪不易抽提干净；过细，会透过滤纸孔隙流失，影响结果。

③ 必须注意乙醚使用安全。抽提室内严禁有明火，乙醚中不得含过氧化物，室内保持通风，以防燃爆。

八、思考题

① 测定过程为什么需要对样品、萃取器、有机溶剂进行脱水处理？
② 测定样品对粉末粗细有什么要求？
③ 实验过程中使用乙醚有哪些注意事项？

实验六　植物叶片在衰老过程中过氧化脂质含量的变化

一、目的

掌握植物材料中过氧化脂质的丙二醛检测方法，了解植物衰老过程中自由基的变化和相关原理。

二、原理

植物组织的衰老总是伴随着细胞内膜结构的破坏，表现为细胞内的电解质大量渗出。很多研究结果表明，细胞衰老过程中膜的破坏是由细胞（特别是线粒体或叶绿体）中产生的超氧阴离子自由基（O_2^- ·）和羟基自由基（·OH）诱导膜质中的不饱和脂肪酸发生脂质过氧化作用，产生脂质自由基。它不仅能连续诱发脂质的过氧化作用，而且可使蛋白质脱氢而产生蛋白质自由基，使蛋白质分子发生链式聚合，从而使细胞质膜变性，最终导致细胞损伤或死亡。

脂质过氧化作用的分析方法有多种，其中最常规、最成熟的方法是硫代巴比妥酸（TBA）试验。在脂质过氧化作用中产生的丙二醛，可与硫代巴比妥酸形成红棕色的产物3,5,5-三甲基噁唑-2,4-二酮，在532nm处有一吸收峰，根据其在532nm处的吸收系数可计算出细胞中丙二醛的含量。丙二醛含量的多少可代表膜损伤程度的大小。醛、单糖对此反应有干扰，溶液的pH值和温度对反应也有影响。TBA方法的特点是灵敏、简便、重复性好，适用于多种形式的生物样品测定。

硫代巴比妥酸(TBA)　丙二醛　　　　　　TBA-MDA加合物(红色)

三、实验器材

研钵；剪刀；水浴锅；试管及试管架；分光光度计。

四、材料与试剂

① 小麦叶片、烟草叶片。
② 0.5%硫代巴比妥酸（溶于20%三氯醋酸中）溶液。

五、操作方法

① 分别摘取数片小麦植株上不同叶位的叶片，将同一叶位的叶片放在一起，洗净擦干，剪成0.5cm长的小段。

② 称取每一叶位的叶片切段各0.3g，分别放入研钵中，加入少许石英砂和2mL蒸馏水，研磨成匀浆。将匀浆转移到试管中，再用3mL蒸馏水分两次冲洗研钵，合并提取液。每一叶位的材料各做两个重复实验样品。

③ 在提取液中加入5mL 0.5%硫代巴比妥酸溶液，摇匀。

④ 将试管放入沸水浴中煮沸10min（自试管内溶液中出现小气泡开始计时），之后立即将试管取出并放入冷水浴中。

⑤ 待试管内溶液冷却后，以3000r/min的转速离心15min，取上清液并量其体积。以0.5%硫代巴比妥酸溶液为空白，测定532nm和600nm处的吸光值。

六、结果计算

根据下式计算叶片中过氧化脂质的含量：

$$过氧化脂质含量(mmol/g) = (A_{532nm} - A_{600nm}) \times V/(155 \times W)$$

式中，V 为上清液总体积，mL；155 为 1mmol 3,5,5-三甲基噁唑-2,4-二酮在 532nm 处的摩尔吸收系数，L/(mol·cm)；W 为称取植物材料的鲜重，g。

以不同叶位叶片中过氧化脂质的含量为纵坐标、叶位号为横坐标作图，说明叶片中过氧化脂质含量与叶位的关系。

七、思考题

哪些因素影响膜的完整程度？试说明膜的完整程度与细胞衰老的关系。

实验
七

氨基酸的分离鉴定——纸色谱法

一、目的

通过氨基酸的分离，学习纸色谱法的基本原理及操作方法。

二、原理

纸色谱法（paper chromatography，PC），是以滤纸作惰性支持物的分配色谱法。色谱溶剂由有机溶剂和水组成。纸纤维上的 OH^- 具有亲水性，因此能吸附一定的水作为固定相，而有机溶剂作为流动相。因为各种氨基酸的极性不同，随流动相迁移的距离不同，所以可将氨基酸的混合物分离开来。物质被分离后在纸色谱图谱上的位置是用 R_f 值（比移值）来表示的：

$$R_f = \frac{原点到层析点中心的距离}{原点到溶剂前沿的距离}$$

在一定的条件下某种物质的 R_f 值是常数。R_f 值的大小与物质的结构、性质、溶剂系统、色谱滤纸的质量和色谱温度等因素有关。

三、器材

色谱缸；毛细管；喷雾器；培养皿（9~10cm）；色谱滤纸；针和线；吹风机。

四、试剂

① 扩展剂　4 份水饱和的正丁醇和 1 份冰醋酸的混合物。将 20mL 正丁醇和 5mL 冰醋酸放入分液漏斗中，与 15mL 水混合，充分振荡，静置后分层，放出下层水层。漏斗内的扩展剂倒入培养皿中备用。

② 氨基酸溶液　5mg/mL 的赖氨酸、甘氨酸、脯氨酸、缬氨酸、亮氨酸溶液及它们的混合液（各组分浓度均为 0.5%）。

③ 显色剂 0.1%水合茚三酮正丁醇溶液。

五、操作方法

① 将盛有扩展剂的培养皿置于密闭的色谱缸中。

② 用镊子夹取色谱滤纸（长 22cm，宽 14cm）一张。在纸的一端距边缘 2cm 处用铅笔画一条直线，在此直线上每间隔 2cm 作一记号（如图 3-3 所示）。

③ 点样 用毛细管将各氨基酸样品分别点在 6 个位置上，氨基酸的点样量以每种氨基酸 5～20μg 为宜，每点在纸上扩散的直径最大不超过 3mm。点样时，必须待第一滴样品干后再点第二滴。为使样品快速干燥，可用吹风机吹干。

④ 扩展 将点样后的滤纸两侧对齐，用针和线将滤纸缝成筒状，纸的两边不能接触，避免由毛细现象导致溶剂沿边缘快速移动，造成溶剂前沿不齐，而影响 R_f 值。将滤纸直立于培养皿扩展剂中（点样的一端在下，扩展剂的液面须低于点样线 1cm）。待溶剂上升 15～20cm 时即取出滤纸，用铅笔描出溶剂前沿界线，自然干燥或用吹风机热风吹干。

⑤ 显色 用喷雾器均匀喷上 0.1% 茚三酮正丁醇溶液，然后置烘箱中烘烤 5min（100℃）或用热风吹干，即可见滤纸上显出各色谱斑点。图 3-4 为各点显色后的纸色谱图。

图 3-3 纸色谱点样标准图

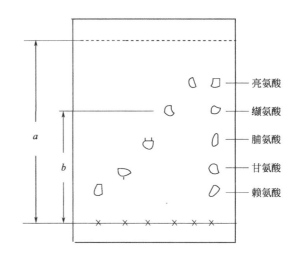

图 3-4 氨基酸显色后的图谱

⑥ 根据纸色谱图计算各种氨基酸的 R_f 值。

$$R_f = \frac{b}{a}$$

六、思考题

① 在整个实验过程中为什么不能用手接触滤纸？

② 在缝滤纸筒时为什么要避免纸的两端完全接触？

实验八 / 离子交换色谱法分离氨基酸

一、目的

学习用阳离子交换树脂柱分离氨基酸的操作方法和基本原理。

二、原理

离子交换色谱（ion exchange chromatography，ICE）是分析和制备样品混合物的液-固相色谱方法，是基于待测物质的阳离子或阴离子和相对应的离子交换剂间的静电结合，即根据物质的酸碱性、极性等差异，通过离子间的吸附和脱吸附原理，将电解质溶液的各组分分开。它是从复杂的混合物体系中分离性质极为相似的生物大分子的有效手段之一。由于电荷不同的各种物质对离子交换剂有不同结合力，通过改变洗脱液的离子强度和 pH，控制这种结合力，即可使这些物质按结合力大小的顺序依次从色谱柱中洗脱下来。

氨基酸是两性电解质，分子上所带的净电荷取决于氨基酸的等电点和溶液的 pH 值。各种氨基酸分子的结构不同，在同一 pH 时所带电荷的性质（正、负）和多少不同，与离子树脂交换的结合力就有差异，因此可根据结合力从小到大的顺序被洗脱液洗脱下来，达到分离的效果。

三、实验器材

色谱柱（20cm×1cm）；试管；移液管；恒流泵；部分收集器；烧杯；电炉；分光光度计。

四、材料与试剂

① 苯乙烯磺酸钠型树脂（强酸 1×8，100～200 目）。

② 2mol/L HCl 溶液、2mol/L NaOH 溶液、0.2mol/L NaOH 溶液。

③ 标准氨基酸溶液　用 0.1mol/L HCl 溶液将天冬氨酸和赖氨酸配成 2mg/mL 的溶液。

④ 混合氨基酸溶液　将上述天冬氨酸和赖氨酸溶液按 1：4 的比例混合。

⑤ 柠檬酸-NaOH-HCl 缓冲液（pH5.8，钠离子浓度 0.45mol/L）　取柠檬酸（$C_6H_8O_7 \cdot H_2O$）14.25g、NaOH 9.30g 和浓 HCl 5.25mL 溶于少量水后，定容至 500mL；置于冰箱保存。

⑥ 显色剂　2g 水合茚三酮溶于 95％乙醇中，加水至 100mL。

五、操作方法

① 色谱柱的准备　将强酸型阳离子交换树脂加水充分溶胀，加 2mol/L HCl 溶液，在

80℃水浴中加热搅拌30min，取树脂，用蒸馏水洗至中性。然后用2mol/L NaOH溶液处理成Na⁺型，用蒸馏水洗至中性备用。将色谱柱固定在架子上，与地面垂直。搅拌使树脂呈悬浮状，沿柱内壁倒入，装成一个直径1cm，高16～18cm的色谱柱（如图3-5）。

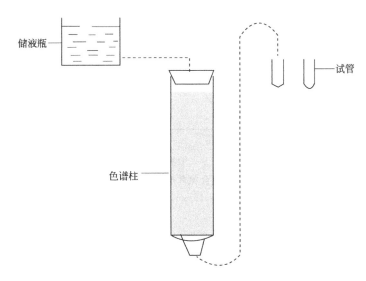

图 3-5　离子交换色谱柱装置简图

②平衡　用pH5.8的柠檬酸缓冲液冲洗平衡交换柱。调节流速为0.5mL/min（或20滴/min），流出液达床体积的4倍时即可上样。

③氨基酸的洗脱　由柱上端仔细加入氨基酸混合液0.25～0.5mL，同时开始收集流出液。当样品液弯月面靠近树脂顶端时，立即加入0.5mL柠檬酸缓冲液冲洗加样品处。待缓冲液弯月面靠近树脂顶端时，再加入0.5mL缓冲液。如此重复两次，然后用滴管小心注入柠檬酸缓冲液（切勿搅动床面）并将柱与洗脱瓶和部分收集器相连。用试管收集洗脱液，每管收集1mL（或2min），共收集20管。

④氨基酸的鉴定　向各管收集液中加入1mL水合茚三酮显色剂并混匀，在沸水浴中准确加热15min后，冷却至室温，显色深浅可代表洗脱的氨基酸浓度，用比色法测定。以收集的管数为横坐标，570nm处A值为纵坐标，绘制洗脱曲线的示意图（如图3-6），以已知两种氨基酸的纯溶液为样品，按上述方法和条件分别操作，将得到的洗脱曲线与混合氨基酸的洗脱曲线对照，即可确定两个峰为何种氨基酸。

⑤树脂再生　样品分析完毕后，用0.2mol/L NaOH溶液洗涤树脂，如色谱时间较长，应把柱中树脂全部取出，用NaOH溶液充分浸泡，80℃水浴加热搅拌20min，取树脂，用热蒸馏水反复冲洗至中性备用。

六、注意事项

①装柱时应缓慢均匀，避免产生气泡，可用长玻璃棒轻轻搅动除去气泡。保持柱子垂直，否则柱床表面倾斜，影响色谱分离。柱床应该无气泡及节痕，柱床顶面水平均匀。

②整个操作过程控制好流速，不能将液面降至柱床顶面之下。

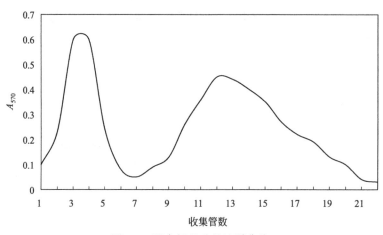

图 3-6　混合氨基酸的洗脱曲线

色谱柱高 18cm，流速 0.5mL/min，收集量 1mL/管，温度 15℃

七、思考题

① 何谓氨基酸的离子交换？本实验采用的离子交换剂属于哪一种？

② 离子交换树脂用缓冲液平衡，为什么又用缓冲液冲洗？

③ 茚三酮显色剂在与氨基酸显色时，是与氨基酸的哪个基团反应？反应条件是什么？

实验九 蛋白质性质（一）——蛋白质及氨基酸的呈色反应

一、目的

① 了解蛋白质的基本组成成分及氨基酸间相互连接的主要方式。

② 了解蛋白质和某些氨基酸的呈色反应原理。

③ 学习几种常用的鉴定蛋白质和氨基酸的方法。

二、呈色反应

（一）双缩脲反应

1. 原理

尿素加热至 180℃左右，生成双缩脲并放出一分子氨。双缩脲在碱性环境中能与 Cu^{2+} 结合生成紫红色化合物，此反应称为双缩脲反应。蛋白质分子中有肽键，其结构与双缩脲相似，也能发生此反应，因此可用此反应定性或定量测定蛋白质。

具体反应如下：

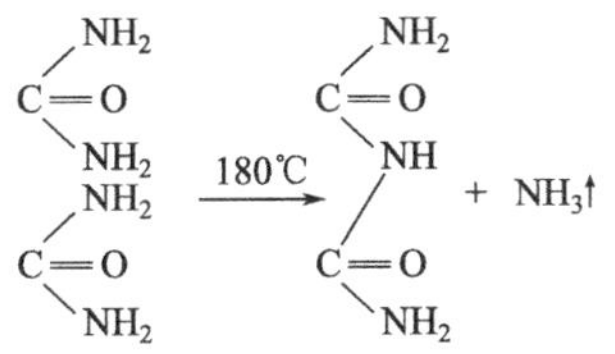

双缩脲反应不仅在含有两个以上肽键的物质中出现，含有一个肽键和一个—CS—NH$_2$、

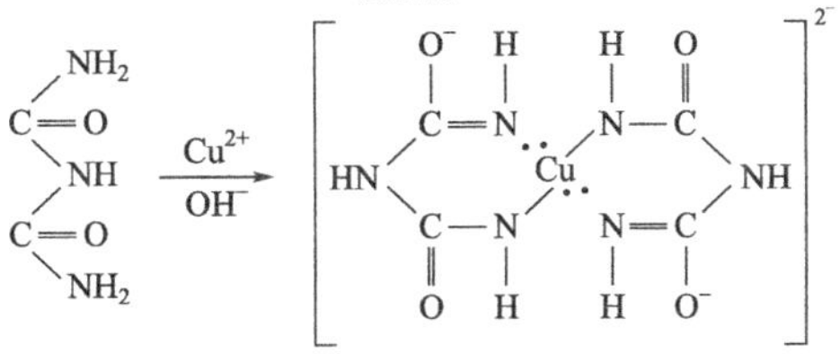

—CH$_2$—NH$_2$、—CRH—NH$_2$、—CH—CH—CH$_2$OH 或—CHOHCH$_2$NH$_2$ 等基团及乙二酰二

胺（ $\begin{smallmatrix} NH_2 & NH_2 \\ | & | \\ O=C—C=O \end{smallmatrix}$ ）等的物质也有此反应。另外，NH$_3$ 能干扰此反应，因为 NH$_3$ 与 Cu^{2+} 可生成

暗蓝色的络离子 Cu(NH$_3$)$_4^{2+}$。可见，所有蛋白质或二肽以上的多肽都有双缩脲反应，但有双缩脲反应的物质不一定都是蛋白质或多肽。

2. **材料与试剂**

① 尿素。

② 10%氢氧化钠溶液。

③ 1%硫酸铜溶液。

④ 2%卵清蛋白溶液。

3. **方法**

① 取 1g 尿素结晶，放在干燥试管中。用微火加热使尿素熔化。当熔化的尿素开始硬化时，停止加热，这时尿素放出氨，形成双缩脲。将得到的物质放置，待其冷却后，加 10%氢氧化钠溶液约 1mL，振荡混匀，再加 1%硫酸铜溶液 1 滴，边振荡边观察出现的粉红颜色。实验中避免添加过量硫酸铜，否则生成的蓝色氢氧化铜溶液会掩盖生成色，从而影响对结果的观察。

② 向另一试管加卵清蛋白溶液约 1mL 和 10%氢氧化钠溶液约 2mL，摇匀后加入 1%硫酸铜溶液 2 滴，边加边振荡并观察紫玫瑰色的出现。

（二）茚三酮反应

1. **原理**

除脯氨酸、羟脯氨酸和茚三酮反应生成黄色物质外，所有 α-氨基酸及蛋白质都能和茚三酮反应生成蓝紫色物质。

β-丙氨酸、氨和许多一级胺都呈此反应。但尿素、马尿酸、二酮吡嗪和肽键上的亚氨基不呈现此反应。因此，虽然蛋白质和氨基酸均有茚三酮反应，但能与茚三酮呈阳性反应的不一定就是蛋白质或氨基酸。在定性定量测定中，应严防干扰物存在。

该反应十分灵敏，1:1500000 浓度的氨基酸水溶液即能出现反应，是一种常用的氨基酸定量测定方法。

茚三酮反应分为两步：第一步是将氨基酸氧化形成 CO$_2$、NH$_3$ 和醛，而水合茚三酮被还原成还原型茚三酮；第二步是所形成的还原型茚三酮和另一个水合茚三酮分子及氨缩合生成有色物质。

具体反应如下：

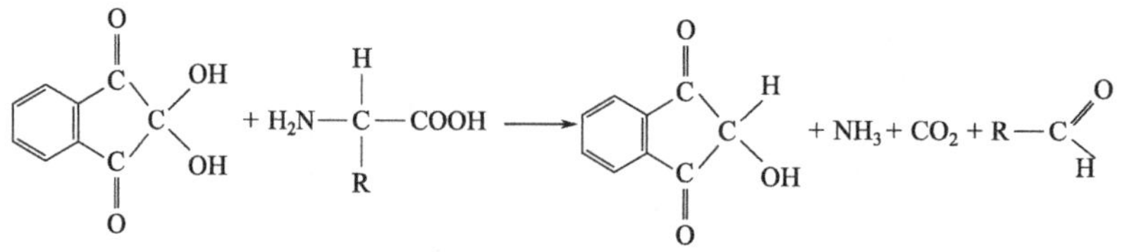

水合茚三酮　　　　　　　　　还原型茚三酮

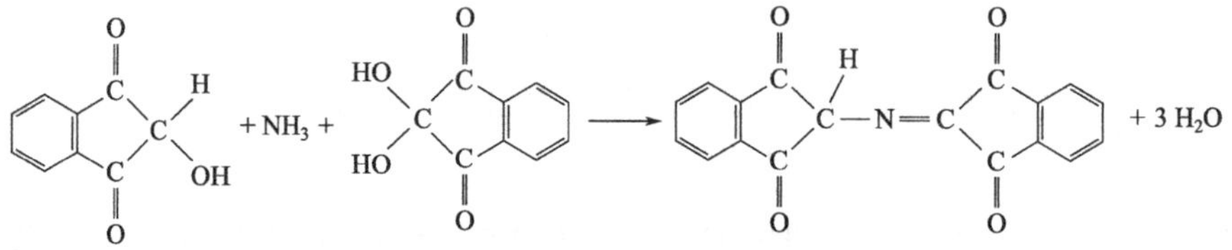

此反应的适宜 pH 为 5~7，同一浓度的蛋白质或氨基酸在不同 pH 条件下形成的生成物颜色深浅不同，如果反应液酸度过大甚至会不显色。

2. 材料与试剂

① 蛋白质溶液　2%卵清蛋白或新鲜鸡蛋清溶液（蛋清∶水＝1∶9）。

② 0.5%甘氨酸溶液。

③ 0.1%茚三酮水溶液。

④ 0.1%茚三酮乙醇溶液。

3. 操作方法

① 取 2 支试管分别加入蛋白质溶液和 0.5%甘氨酸溶液各 1mL，再加入 0.5mL 0.1%茚三酮水溶液，充分混匀后，在沸水浴中加热 1~2min。观察其颜色由粉色变为紫红色再变为蓝色。

② 取一小块滤纸，滴一滴 0.5%的甘氨酸溶液，风干后再在原处滴一滴 0.1%的茚三酮乙醇溶液，在微火旁烘干显色。观察紫红色斑点的出现。

（三）黄色反应

1. 原理

含有苯环结构的氨基酸，如酪氨酸和色氨酸，遇硝酸后，可被硝化成黄色物质，该化合物在碱性溶液中进一步生成深橙色的硝醌酸钠。具体反应如下：

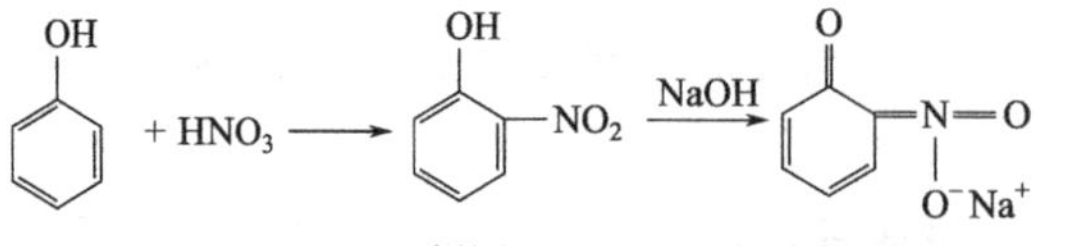

硝基酚　　　　　邻硝醌酸钠(橙黄色)

多数蛋白质分子含有带苯环的氨基酸，所以有黄色反应，苯丙氨酸不易硝化，需加入少量浓硫酸才会有黄色反应。

2. 材料与试剂

① 鸡蛋清溶液　将新鲜鸡蛋清与水按 1∶20 混匀，然后用 6 层纱布过滤。

② 大豆提取液 将大豆浸泡至充分吸胀后，研磨成浆状用纱布过滤。

③ 头发。

④ 指甲。

⑤ 0.5%苯酚溶液。

⑥ 浓硝酸。

⑦ 0.3%色氨酸溶液。

⑧ 0.3%酪氨酸溶液。

⑨ 10%氢氧化钠溶液。

3. 操作方法

向 7 支试管中分别按表 3-7 加入试剂，观察各管出现的现象。

对显色慢的试管可放置一段时间或用微火加热，待各管出现黄色后，于室温下逐滴加入 10%氢氧化钠溶液至碱性，观察颜色变化。

表 3-7 黄色反应操作及结果

管号	1	2	3	4	5	6	7
材料	鸡蛋清溶液 4 滴	大豆提取液 4 滴	指甲 少许	头发 少许	0.5%苯酚 4 滴	0.3%色氨酸溶液 4 滴	0.3%酪氨酸溶液 4 滴
浓硝酸/滴	2	4	40	40	4	4	4
现象							

（四）坂口反应

1. 原理

精氨酸和许多胍代化合物与 α-萘酚在碱性次溴酸钠溶液中发生反应，产生红色物质。具体反应如下：

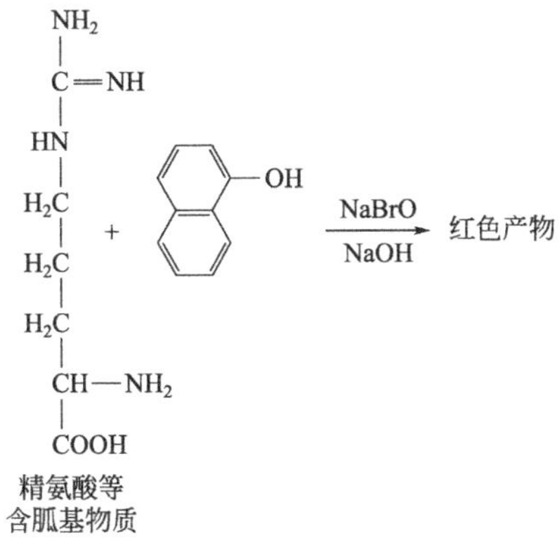

精氨酸等
含胍基物质

精氨酸是唯一参加反应的氨基酸，反应特别灵敏，因此反应可用于定性鉴定含有精氨酸的蛋白质和定量测定精氨酸。

2. 材料与试剂

① 0.3%精氨酸溶液。

② 蛋白质溶液 鸡蛋清∶水＝1∶20；配法见"黄色反应"。

③ 20%氢氧化钠溶液。

④ 1%α-萘酚乙醇溶液，临用时配制。

⑤ 次溴酸钠溶液　2g 溴溶于 100mL 5％氢氧化钠溶液中。置于棕色瓶中，可在冷暗处保存两周。

3．操作方法

向各试管中按表 3-8 加入试剂，记录出现的现象。

表 3-8　坂口反应操作及结果

管号	H_2O/滴	0.3％精氨酸溶液/滴	蛋白质溶液/滴	20％氢氧化钠溶液/滴	α-萘酚/滴	次溴酸钠溶液/滴	现象
1	—	—	5	5	3	1	
2	4	1	—	5	3	1	
3	5	—	—	5	3	1	

本实验十分灵敏。在操作中 α-萘酚要过量，但次溴酸钠、精氨酸及蛋白质均不可过多。因为过多的次溴酸钠可继续氧化有色产物，从而使颜色消失。

（五）乙醛酸反应

1．原理

在浓硫酸存在下，色氨酸与乙醛酸反应生成紫色物质，是一分子乙醛与两分子色氨酸脱水缩合形成与靛蓝相似的物质。含有色氨酸的蛋白质也有此反应。

2．材料与试剂

① 蛋白质溶液　鸡蛋清：水＝1：20。

② 0.03％色氨酸溶液。

③ 冰醋酸（分析纯）。

3．操作方法

取 3 支试管并编号，分别按表 3-9 加入蛋白质溶液、色氨酸溶液和水，然后加入冰醋酸 2mL，混匀后倾斜试管，沿管壁分别缓缓加入浓硫酸约 1mL，静置并观察各管液面紫色环的出现。若不明显，可于水浴中微微加热。

表 3-9　乙醛酸反应操作及结果

管号	水/滴	0.03％色氨酸溶液/滴	蛋白质溶液/滴	冰醋酸/mL	浓硫酸/mL	现象
1	—	—	5	2	1	
2	4	1	—	2	1	
3	5	—	—	2	1	

（六）重氮反应

1．原理

重氮化合物与酚基或咪唑环结合生成有色物质。它与酪氨酸和组氨酸反应的产物分别为红色和樱桃红色。含有酪氨酸的蛋白质也有此反应。

2．材料与试剂

① 鸡蛋清。

② 0.3％酪氨酸溶液。

③ 0.3％组氨酸溶液。

④ 20％氢氧化钠溶液。

⑤ 重氮试剂　首先配制溶液 A 和溶液 B，用时以等体积混合。溶液 A：取 5g 亚硝酸钠溶于 1000mL 水中，密闭保存。溶液 B：取 5g 对氨基苯磺酸溶于 1000mL 水中，溶解后，再加入 5mL 浓硫酸，密闭保存。

3. 操作方法

取 3 支试管并编号，按表 3-10 所示顺序和剂量加入试剂，并观察有色产物的形成。

表 3-10　重氮反应操作及结果

管号	0.3％组氨酸溶液/滴	0.3％酪氨酸溶液/滴	鸡蛋清/滴	重氮试剂/滴	20％氢氧化钠溶液/滴	现象
1	4	—	—	8	2	
2	—	4	—	8	2	
3	—	—	4	8	2	

三、思考题

① 用何种方法可将蛋白质和氨基酸区分出来？

② 能否利用茚三酮反应可靠地鉴定蛋白质的存在？

③ 哪些氨基酸能呈现黄色反应的阳性结果？是否大部分蛋白质呈现黄色反应的阳性结果？

④ 指出何种基团可出现乙醛酸反应阳性，哪一种氨基酸含有这种基团，请写出这种氨基酸的结构式。

⑤ 坂口反应是哪一种氨基酸的特有反应，写出该氨基酸的结构式。

实验十　蛋白质性质（二）——蛋白质等电点的测定和沉淀反应

一、蛋白质等电点的测定

1. 目的

① 了解蛋白质的两性解离性质。

② 学习测定蛋白质等电点的一种方法。

2. 原理

蛋白质是两性电解质，在溶液中存在下列平衡：

$$P\diagup\begin{matrix}COOH\\NH_2\end{matrix}$$

蛋白质分子

$$P\diagup\begin{matrix}COO^-\\NH_2\end{matrix}\quad\underset{+OH^-}{\overset{+H^+}{\rightleftharpoons}}\quad P\diagup\begin{matrix}COO^-\\\overset{+}{N}H_3\end{matrix}\quad\underset{+OH^-}{\overset{+H^+}{\rightleftharpoons}}\quad P\diagup\begin{matrix}COOH\\\overset{+}{N}H_3\end{matrix}$$

阴离子　　　　　兼性离子　　　　　阳离子
pH>pI　　　　　pH=pI　　　　　pH<pI

蛋白质分子的解离状态和解离程度受溶液酸碱度的影响。当溶液的 pH 值达到一定值时，蛋白质颗粒所带正负电荷数目相等，在电场中，蛋白质既不向阴极移动，也不向阳极移动，此时溶液的 pH 值称为蛋白质的等电点（pI）。不同的蛋白质有其各自的等电点。在等电点时，蛋白质的理化性质均发生变化，可利用这些变化来测定各种蛋白质的等电点。最常用的方法是利用蛋白质在达到等电点时溶解度最小的性质，测定溶解度最低时蛋白质溶液的 pH 值，即为该蛋白质的等电点。

本实验通过观察酪蛋白在不同 pH 溶液中的溶解度，来测定酪蛋白的等电点。用醋酸与醋酸钠配制成各种不同 pH 值的缓冲液，然后向各缓冲溶液中加入酪蛋白，观察沉淀出现并测定酪蛋白的等电点。

3. 实验器材

水浴锅；温度计；200mL 锥形瓶；100mL 容量瓶；移液管或移液枪；试管；试管架；研钵。

4. 材料与试剂

① 0.4% 酪蛋白醋酸钠溶液　取 0.4g 酪蛋白，加少量水在研钵中仔细地研磨，将所得的蛋白质液移入 200mL 锥形瓶内，并用少量 40～50℃ 的温水洗涤研钵，将洗涤液也移入锥形瓶内。加入 10mL 1mol/L 醋酸钠溶液。把锥形瓶放入 50℃ 水浴中，并小心地旋转锥形瓶，直到酪蛋白完全溶解为止。将锥形瓶内的溶液全部移至 100mL 容量瓶内，加水至刻度，塞紧玻璃塞，混匀。

② 1mol/L 醋酸溶液，0.1mol/L 醋酸溶液，0.01mol/L 醋酸溶液。

5. 操作方法

①取同样规格的试管 4 支，按表 3-11 顺序分别加入各试剂，然后混匀。

表 3-11　蛋白质等电点测定操作

管号	蒸馏水/mL	0.01mol/L 醋酸溶液/mL	0.1mol/L 醋酸溶液/mL	1.0mol/L 醋酸溶液/mL
1	8.4	0.6	—	—
2	8.7	—	0.3	—
3	8.0	—	1.0	—
4	7.4	—	—	1.6

② 向以上试管中各加入含有酪蛋白的醋酸钠溶液 1mL，加一管摇匀一管，并观察其浑浊度。此时 1、2、3、4 号管的 pH 值依次为 5.9、5.3、4.7、3.5。静置 10min 后，再观察其浑浊度并判断其等电点。

二、蛋白质的沉淀及变性

1. 目的

① 加深对蛋白质胶体溶液稳定因素的认识。

② 了解沉淀蛋白质的几种方法及其实用意义。

③ 了解蛋白质变性与沉淀的关系。

2. 原理

在水溶液中，蛋白质分子由于表面生成水化层和双电层而成为稳定的亲水胶体颗粒。在一定的理化因素影响下，蛋白质颗粒可因失去电荷和脱水而沉淀。

蛋白质的沉淀反应可分为以下两类：

① 可逆沉淀反应　此时蛋白质分子的结构尚未发生显著变化，除去引起沉淀的因素后，沉淀的蛋白质仍能溶解于原来的溶剂中，并保持其天然结构而不变性。如大多数蛋白质的盐析作用或在低温下用乙醇（或丙醇）短时间作用蛋白质等。一般在纯化蛋白质时，常利用此类反应。

② 不可逆沉淀反应　此时蛋白质分子内部结构发生重大改变，蛋白质因变性而沉淀。除去引起沉淀的因素后，蛋白质不再溶于原来溶剂中。如加热引起的蛋白质沉淀与凝固、蛋白质与重金属离子或某些有机酸的反应等都属于此类。

但蛋白质变性后，有时由于维持溶液稳定的条件仍然存在（如电荷），并不析出。因此变性蛋白质并不一定都表现为沉淀，而沉淀的蛋白质也未必都已变性。

在蛋白质溶液中加入适量的无机盐（硫酸铵、硫酸钠、氯化钠等）浓溶液就会使蛋白质析出，称为蛋白质的盐析。盐浓度不同，析出的蛋白质也不同。如球蛋白可在半饱和硫酸铵溶液中析出，而清蛋白则在饱和硫酸铵溶液中才能析出。由盐析作用获得的蛋白质沉淀，当降低其盐类浓度时，又能再溶解，故蛋白质的盐析是可逆过程。

3. 试剂与材料

① 蛋白质溶液　5％卵清蛋白溶液或鸡蛋清的水溶液（新鲜鸡蛋清：水＝1：9）。

② pH4.7 醋酸-醋酸钠缓冲溶液。

③ 3％硝酸银溶液。

④ 5％三氯乙酸溶液。

⑤ 95％乙醇。

⑥ 饱和硫酸铵溶液。

⑦ 硫酸铵结晶粉末。

⑧ 0.1mol/L 盐酸溶液。

⑨ 0.1mol/L 氢氧化钠溶液。

⑩ 0.1mol/L 碳酸钠溶液。

⑪ 0.1mol/L 醋酸溶液。

⑫ 甲基红溶液。

⑬ 2％氯化钡溶液。

4. 操作方法

① 蛋白质的盐析　将5％卵清蛋白溶液5mL加入试管中，再加等量的饱和硫酸铵溶液，混匀后静置数分钟则析出球蛋白沉淀。倒出少量浑浊沉淀，加少量水，观察是否溶解。将管中不溶物过滤，向滤液中添加硫酸铵粉末到形成饱和溶液，粉末不再溶解为止，此时析出的

沉淀为清蛋白。取出部分清蛋白，加少量蒸馏水，观察实验现象。

② 重金属离子沉淀蛋白质　取一支试管，加入蛋白质溶液 2mL，再加 3％硝酸银溶液 1～2 滴，振荡试管，立刻产生沉淀，放置片刻后倾出上清液，向沉淀中加入少量水，观察沉淀是否溶解。

③ 某些有机酸沉淀蛋白质　取一支试管，加入蛋白质溶液 2mL，再加入 1mL 5％三氯乙酸溶液，振荡试管，观察沉淀的生成。放置片刻，倾出上清液，向沉淀中加入少量水，观察沉淀是否溶解。

④ 有机溶剂沉淀蛋白质　取一支试管，加入 2mL 蛋白质溶液，再加入 2mL 95％乙醇。混匀，观察沉淀的生成。

⑤ 乙醇引起的变性与沉淀　取 3 支试管编号，依表 3-12 顺序加入试剂，振荡混匀后，观察各管有何变化。放置片刻后向各管内加水 8mL，然后在第 2、3 号管中各加一滴甲基红，再分别用 0.1mol/L 醋酸溶液及 0.1mol/L 碳酸钠溶液中和。观察各管颜色的变化和沉淀的生成。每管再加 0.1mol/L 盐酸溶液数滴，观察沉淀的再溶解。

表 3-12　乙醇引起的蛋白质变性与沉淀操作

管号	5％卵清蛋白/mL	0.1mol/L NaOH 溶液/mL	0.1mol/L HCl 溶液/mL	95％乙醇/mL	pH4.7 醋酸缓冲液/mL
1	1	—	—	1	1
2	1	1	—	1	—
3	1	—	1	1	—

三、尿蛋白定性检验

1. 目的
① 了解蛋白质沉淀反应及变性作用在实践中的意义。
② 掌握临床常规的定性检验尿蛋白的方法。

2. 原理
正常人尿中只含微量蛋白质，用常规临床方法测定呈现阴性。但患有肾脏疾病的人（如患肾小球肾炎、肾盂肾炎）的尿样，在用临床常规方法检测时，往往在其中能检测出蛋白质，临床上称其为蛋白尿。因此尿中蛋白质的检测在临床诊断上具有重要的意义。

3. 材料与试剂
① 2％醋酸溶液。
② 20％磺酸水杨酸溶液。
③ pH 蛋白试纸。

4. 操作方法
① 加热醋酸法　尿中的蛋白质加热变性后溶解度降低，可以被沉淀出来。当加入醋酸使尿液呈弱酸性后蛋白质仍不易溶解，但因加热引起的磷酸盐浑浊物在加入醋酸后则消失，故二者可以区别。

取尿液 3mL 置于试管中，加热至沸腾（试管应在火焰上移动，严防尿液喷出）。观察有无沉淀产生。若产生沉淀，则加入 2％醋酸数滴使其显酸性，然后观察沉淀情况，并按

表 3-13 记录结果。

表 3-13　尿蛋白定性检验结果记录

观察所得结果	记录符号	尿中蛋白质的浓度
有浑浊或浑浊在加入醋酸后消失	—	阴性
极轻微浑浊,对着黑背景才可看到	±	0.01%以下
浑浊明显,但尚无颗粒状或絮状物产生	+	0.01%～0.05%
颗粒状白色浑浊,但尚无絮状物产生	++	0.05%～0.2%
浑浊浓厚,不透明而呈絮状	+++	0.2%～0.3%
浑浊甚浓,几乎完全凝固	++++	0.5%以上

② 磺酸水杨酸法　利用有机酸沉淀蛋白质,是临床上常用的方法。此法较"加热醋酸法"更为灵敏,尿中蛋白质浓度为 0.0015% 时即可被检出。

取尿样约 3mL 加入试管中,再加入 20% 磺酸水杨酸 8～10 滴,如出现沉淀,表示尿中有蛋白质存在。参考表 3-13,按沉淀多少记录结果。

③ 试纸法　蛋白质与有机染料(如溴酚蓝)的离子结合,可改变染料的颜色。用附着有上述染料的蛋白质试纸来检测尿样,即可通过试纸颜色的变化判断尿中的蛋白质含量。当试纸接触含有蛋白质的溶液时,因蛋白质含量不同,试纸可以由黄色变成黄绿色、绿色或蓝绿色,可根据颜色估计蛋白质的量。一般临床所用试纸可检测尿样 pH 值、作蛋白质定性和半定量之用。其淡黄色部分供检查 pH 值用。

将本试纸浸入被检尿样中后立即取出,约 10s 后,在自然光或白光下将所呈现的颜色和色板比较判定。pH 值在 8 以上的强碱性尿样,由于尿蛋白呈假阳性反应,可滴加稀硝酸校正后再测定。另外黄疸尿、浓缩尿、血尿等异常着色的标本,都会影响判定。通常,蛋白质试纸应存于阴凉干燥处,其带色部分不可用手接触。

四、思考题

① 在蛋白质等电点测定过程中,如何根据实验现象判断酪蛋白的等电点?为什么?
② 蛋白质盐析实验中,被硫酸铵析出的卵清蛋白,加入蒸馏水后沉淀是否溶解?为什么?
③ 被硝酸银沉淀的蛋白质,在加入少量水后,沉淀是否溶解?为什么?
④ 被三氯乙酸沉淀的蛋白质,在加入少量水后,沉淀是否溶解?为什么?
⑤ 请解释乙醇引起的变性与沉淀实验中各管发生的全部现象。

实验
十一

蛋白质的制备——牛奶中提取酪蛋白

一、目的

加深对蛋白质胶体溶液稳定因素的认识,掌握用酸性溶剂使蛋白质的 pH 值发生变化而利用等电点沉淀法提取蛋白质。

二、原理

蛋白质是由氨基酸脱水缩合而成的高分子化合物。蛋白质同氨基酸一样是两性电解质，调节蛋白质溶液的 pH 值可使蛋白质分子所带的正负电荷数目相等，即溶液中的蛋白质以兼性离子形式存在，在外加电场中既不向阴极也不向阳极移动。这时溶液的 pH 值称为该蛋白质的等电点。在等电点条件下，蛋白质溶解度最小，因此就会有沉淀析出。

酪蛋白是牛乳中存在的主要蛋白质，是一些含磷蛋白质的混合物，它在牛奶中的含量约为 35g/L。酪蛋白在其等电点时溶解度很低，将牛奶调到 pH4.6，酪蛋白就可从牛奶中沉淀出来。酪蛋白不溶于乙醇，可用乙醇除去酪蛋白中的脂类物质。

三、器材

离心机；酸度计；磁力搅拌器；玻璃棒；1000mL 烧杯；500mL 容量瓶；移液管；抽滤装置；电炉；温度计。

四、材料与试剂

① 鲜牛奶。

② 0.5mol/L HCl 溶液。

③ 0.5mol/L NaOH 溶液。

④ 95％乙醇。

⑤ 无水乙醚。

⑥ 0.2mol/L pH4.7 醋酸-醋酸钠缓冲液   先配制 A 液与 B 液。A 液（0.2mol/L 醋酸钠溶液）：称 $NaAc \cdot 3H_2O$ 54.44g，定容至 2000mL。B 液（0.2mol/L 醋酸溶液）：称取优级纯醋酸（含量大于 99.8％）12g 定容至 1000mL。取 A 液 1770mL，B 液 1230mL 混合，即得 pH4.7 的醋酸-醋酸钠缓冲液 3000mL。

⑦ 乙醇-乙醚混合液   乙醇：乙醚＝1：1（体积比）。

五、操作方法

方法一

① 取牛奶 30mL，离心（3000r/min）15min，除去脂层，制成脱脂奶。

② 向脱脂奶中加入 30mL 水后用 0.5mol/L HCl 调 pH 到 4.6，离心（2000r/min）3min，弃上清液。

③ 取沉淀加入 60mL 水，边搅拌边缓慢加 0.5mol/L NaOH 调 pH 到 7.0，使沉淀全部彻底溶解。用 0.5mol/L HCl 调 pH 到 4.6，离心（2000r/min）3min，弃上清液。

④ 重复③操作一次。

⑤ 将新买的透析袋剪成 2cm 大小的小块，将其浸泡在 2％碳酸氢钠和 1mmol/L EDTA（pH8.0）中煮沸 10min。

⑥ 将煮过的透析袋用蒸馏水漂洗 4～5 次。

⑦ 取沉淀缓慢加入 1mol/L NaOH 调 pH 至 7.5，溶解后装入透析袋中，4℃ 下透析48h，即得酪蛋白粗品。

⑧ 处理过的透析袋，存放于 4℃ 冰箱中，应确保透析袋始终浸没在液体中。在使用之前要用蒸馏水将透析袋里外加以清洗。

方法二

① 将 50mL 牛奶加热到 40℃。在搅拌下慢慢加入预热到 40℃、pH4.7 的醋酸缓冲液 50mL。用精密 pH 试纸或酸度计调 pH 至 4.7。将上述悬浮液冷却至室温。离心 15min（2000r/min），弃去上清液，得酪蛋白粗制品。

② 用水洗沉淀三次，离心 10min（3000r/min），弃去上清液。

③ 在沉淀中加入 30mL 乙醇。搅拌片刻，将全部悬浊液转移至布氏漏斗中抽滤。用乙醇-乙醚混合液洗沉淀两次。最后用乙醚洗沉淀两次，抽干。

④ 将沉淀摊开在表面皿上，风干得酪蛋白纯品。

⑤ 准确称重，计算酪蛋白含量和得率。

含量为每 100mL 牛乳中得到的酪蛋白的质量。

$$得率 = \frac{测得含量}{理论含量}$$

式中牛乳中酪蛋白理论含量为 3.5g/100mL。

六、思考题

① 为什么调整溶液的 pH 值可将酪蛋白沉淀出来？

② 用有机溶剂沉淀蛋白质的原理是什么？

③ 试述透析法去除酪蛋白中杂离子的原理。

实
验
十二

Bradford 法测定蛋白质含量

一、目的

学习考马斯亮蓝 G-250 染色法测定蛋白质含量的原理和方法。

二、原理

1976 年 Bradford 利用考马斯亮蓝 G-250 可与蛋白质结合的原理，建立了迅速而准确的定量测定蛋白质的方法。在此方法中，染料与蛋白质结合后引起染料最大吸收光的改变，从 465nm 变为 595nm。蛋白质-染料复合物具有高的消光系数，因此大大提高了蛋白质测定的灵敏度（最低检出量为 1μg）。染料与蛋白质的结合是很迅速的过程，大约只需 2min，结合物的颜色在 1h 内是稳定的。一些阳离子（如 K^+、Na^+、Mg^{2+}）、$(NH_4)_2SO_4$、乙醇等物质不干扰测定，而大量的去污剂如 TritonX-100、SDS 等严重干扰测定，少量的去污剂可通过设计适当的对照实验而消除。由于染色法简单迅速，干扰物质少，灵敏度高，现已广泛用于蛋白质含量的测定。

三、器材

天平；分光光度计；试管及试管架；比色皿；移液管。

四、材料与试剂

① 考马斯亮蓝 G-250　称取 100mg 考马斯亮蓝 G-250 溶于 50mL 95％乙醇中，加入 100mL 0.85g/mL 磷酸，将溶液用水稀释到 1000mL。试剂的终浓度为：0.01％考马斯亮蓝 G-250、47mg/mL 乙醇、85mg/mL 磷酸。

② 标准蛋白质溶液　可用牛血清白蛋白预先经凯氏定氮法测定蛋白氮含量，根据其纯度配制成 0.1mg/mL 的溶液。

③ 未知样品液。

五、操作方法

① 牛血清白蛋白标准曲线的绘制　取 6 支试管，编号为 1、2、3、4、5、6，按表 3-14 加入试剂。

表 3-14　牛血清白蛋白标准曲线制作

试剂	管号					
	1	2	3	4	5	6
标准蛋白液/mL	0	0.15	0.30	0.45	0.60	0.75
水/mL	1	0.85	0.70	0.55	0.40	0.25
每管中所含标准蛋白的浓度/(μg/mL)	0	15	30	45	60	75
G-250 染色液/mL	5	5	5	5	5	5
室温下静置 2min						
A_{595}						

混匀后静置 2min，以 1 号管作空白对照，测定各管在 595nm 下的吸光值。以吸光值为纵坐标，蛋白质浓度为横坐标作图，得到标准曲线。

② 未知样品中蛋白质浓度的测定　取未知浓度的蛋白液（通过适当稀释，使其浓度控制在 0.015～0.1mg/mL 范围内）1mL，加到试管内，再加入 G-250 染色液 5mL 混匀，测其在 595nm 下的吸光值，对照标准曲线求出未知蛋白液的浓度。

六、思考题

① Bradford 法测定蛋白质含量的原理是什么？优点有哪些？

② 为什么标准蛋白质必须用凯氏定氮法测定纯度？

实验十三　紫外分光光度法测定蛋白质的含量

一、目的

掌握紫外分光光度法测定蛋白质含量的方法。

二、原理

蛋白质分子中存在含有共轭双键的色氨酸,使蛋白质对 280nm 的光波具有最大吸收值。在一定浓度范围内,蛋白质溶液的吸光值与其浓度成正比,可作定量测定。该方法操作简便、快速,并且测定的样品可以回收,低浓度盐类不干扰测定,故在蛋白质和酶的生化制备中被广泛采用。

但此方法存在以下缺点:

① 当待测蛋白质中的色氨酸残基含量差别较大时会产生一定的误差,故该法适用于测定与标准蛋白质氨基酸组成相似的样品。

② 若样品中含有其他在 280nm 具有较大光吸收值的物质,如核酸等,就会出现较大的干扰。但核酸的吸收高峰在 260nm,因此分别测定 280nm 和 260nm 两处的光吸收值,通过计算可以适当地消除核酸对于蛋白质测定的干扰作用。但因为不同的蛋白质和核酸的紫外吸收是不同的,虽经过校正,测定结果还会存在一定的误差。

三、实验器材

紫外分光光度计;移液管或移液枪;试管及试管架;石英比色皿。

四、材料与试剂

① 标准蛋白质溶液 准确称取经凯氏定氮校正的牛血清白蛋白,配制成浓度为 1mg/mL 的溶液。

② 待测蛋白质溶液 酪蛋白稀释液,使其浓度在标准曲线范围内。

五、操作方法

① 标准曲线的制作 按表 3-15 加入试剂。

表 3-15　　标准曲线制作

试剂	管号							
	1	2	3	4	5	6	7	8
牛血清白蛋白溶液/mL	0	0.5	1.0	1.5	2.0	2.5	3.0	4.0
蒸馏水/mL	4.0	3.5	3.0	2.5	2.0	1.5	1.0	0
蛋白质浓度/(mg/mL)	0	0.125	0.25	0.375	0.50	0.625	0.75	1.00
A_{280}								

混匀后,选用 1cm 的石英比色皿,在波长 280nm 处测定各管的吸光度值。以蛋白质浓度为横坐标,吸光度为纵坐标,绘制出血清蛋白的标准曲线。

② 未知样品的测定 取待测蛋白质溶液 1mL,加入 3mL 蒸馏水,在 280nm 下测定其吸光度值,并从标准曲线上查出待测蛋白质的浓度。

六、思考题

① 本法与其他测定蛋白质的方法比较,具有哪些优点和缺点?

② 若样品中含核酸杂质,应如何排除干扰?

实验十四 / ANS 荧光分析法测定蛋白质的外源荧光

一、目的

掌握 ANS 荧光分析法测定蛋白质的外源荧光的原理和技术。

二、原理

利用荧光光谱法研究蛋白质一般有两种方法。一是测定蛋白质分子的自身荧光（内源荧光）。另一种是当蛋白质本身不能发射荧光时，通过共价或非共价作用向蛋白质分子的特殊部位引入外源荧光（也称荧光探针），然后测定外源荧光物质的荧光。

Stryer 在 1965 年发现，8-苯胺-1-萘磺酸（8-anilino-1-naphthalenesulfonic acid，ANS）与脱辅基蛋白质及氯化血红素的疏水区域结合后荧光强度与其在水中的相比显著增大，提出可以将其作为荧光探针用于研究蛋白质的疏水区域。

ANS 是一种性质特殊且稳定的荧光探针，它通过非共价键与蛋白质的疏水基团紧密结合，其荧光光谱会随着所处环境非极性的增加而发生蓝移，荧光强度也随之提高，在一定范围内荧光强度与蛋白质的浓度成线性关系。

血清白蛋白（BSA）是血浆中含量最丰富的蛋白质，其表面含有一定量的疏水基团，因此可用 ANS 荧光分析法测定血清白蛋白表面疏水性，以获取蛋白质的含量与结构信息。

ANS$^-$

三、实验器材

F-4500 型荧光分光光度计；石英比色皿；移液器。

四、材料与试剂

① 0.4mmol/L 牛血清白蛋白母液（BSA）。

② 0.01mol/L、pH 7.4 的磷酸缓冲液（见附录）。

③ 8mmol/L ANS（色谱纯）　用磷酸缓冲液配制，避光保存。

五、操作方法

① 将蛋白质样品按表 3-16 配制成浓度为 0～2.8μmol/L 的样品。

表 3-16　BSA-ANS 的相对荧光强度

序号	BSA 浓度/(μmol/L)	BSA 母液体积/μL	磷酸缓冲液体积/μL	最大发射波长的相对荧光强度
1	0	0	3980	
2	0.1	1	3979	
3	0.2	2	3978	
4	0.3	3	3977	
5	0.4	4	3976	
6	0.5	5	3975	
7	0.6	6	3974	
8	0.8	8	3972	
9	1.0	10	3970	
10	1.2	12	3968	
11	1.4	14	3966	
12	1.6	16	3964	
13	1.8	18	3962	
14	2.0	20	3960	
15	2.2	22	3958	
16	2.4	24	3956	
17	2.6	26	3954	
18	2.8	28	3952	

② 取上述配制的不同浓度的 BSA 样品液，加入 20μL 8mmol/L ANS（终浓度为 40μmol/L），总体积为 4mL，振荡，室温下暗处静置 3min。

③ 取 8mmol/L ANS 溶液 1mL 于石英样品池中，荧光分光光度计控温 25℃，设定激发波长 380nm，以波长扫描方式测定其荧光发射光谱，激发和发射狭缝校正宽度均为 5nm，扫描速率 1200nm/min，测定最大发射波长处 ANS 溶液的荧光强度。

④ 取静置后的 BSA-ANS 混合溶液 1mL 于石英样品池中，荧光分光光度计控温 25℃，设定激发波长 380nm，以波长扫描方式测定其荧光发射光谱，激发和发射狭缝校正宽度均为 5nm，扫描速率 1200nm/min，测定最大发射波长处 BSA-ANS 溶液的荧光强度。每个浓度重复测定 3 次。

六、结果与分析

① 确定 8mmol/L ANS 溶液、不同浓度的 BSA-ANS 溶液的最大发射波长。

② 在荧光探针过量条件下，以 BSA-ANS 溶液在最大发射波长处的相对荧光强度对蛋白质浓度作曲线，曲线初始阶段的斜率即为蛋白质的表面疏水性指数（S_0）。

七、注意事项

① 一要保证蛋白质与 ANS 结合后，荧光强度不超过荧光分光光度计的量程；二要保证加入的 ANS 量要足够，结合后的荧光强度值应大于 ANS 单独存在时的荧光强度值。

② 配制的 BSA-ANS 溶液体积较小，需要精确量取。

八、思考题

① ANS 荧光分析法测定蛋白质的表面疏水性的原理是什么？
② 如何保证测定的准确性？

实验十五 / # 血清蛋白的醋酸纤维素薄膜电泳

一、目的

学习醋酸纤维素薄膜电泳的操作，了解电泳技术的一般原理。

二、原理

醋酸纤维素薄膜电泳是用醋酸纤维素薄膜作为支持物的电泳方法。醋酸纤维素薄膜由二乙酸纤维素制成，它具有均一的泡沫样结构，厚度仅 $120\mu m$，有强渗透性，对分子移动无阻力，作为区带电泳的支持物进行蛋白质电泳，具有简便、快速、样品用量少、应用范围广、分离清晰、没有吸附现象等优点。目前已广泛用于血清蛋白、脂蛋白、血红蛋白、糖蛋白和同工酶的分离及免疫电泳中。

血清中各种蛋白质的等电点均低于 7.0，所以在 pH 8.6 的硼酸盐缓冲液中，它们都带负电荷，在电场中向正极泳动。由于各种蛋白质等电点不同，在同一 pH 值下所带电量不同，此外，各种蛋白质的分子大小也不相同，故在电场中的泳动速度也会出现差异。这样就可根据它们泳动速度快慢的差别将其分离开来。

血清蛋白质的 pI 和分子量见表 3-17。

表 3-17　血清蛋白中各组分的 pI 和分子量

蛋白质名称	pI	分子量
白蛋白	4.64～4.8	69000
α_1 球蛋白	5.06	200000
α_2 球蛋白	5.06	300000
β 球蛋白	5.12	90000～150000
γ 球蛋白	6.8～7.3	156000～300000

三、器材

醋酸纤维素薄膜（2cm×8cm）；常压电泳仪；卧式电泳槽；点样器（市售或自制）或毛细管；培养皿（染色及漂洗用）；粗滤纸；玻璃板；1.5mL 离心管。

四、材料与试剂

① 硼酸盐缓冲液（pH 8.6，离子强度 0.08） 硼酸 5.60g，硼酸钠 5.61g，NaCl 1.316g，加水至 1000mL。

② 新鲜血清 无溶血现象。

③ 染色液 氨基黑 10B 0.25g，甲醇 50mL，冰醋酸 10mL，水 40mL。可重复使用。

④ 漂洗液 甲醇或乙醇 45mL，冰醋酸 5mL，水 50mL。

⑤ 透明液 无水乙醇：冰醋酸＝7：3。

⑥ 0.4mol/L NaOH 溶液。

五、操作方法

① 浸泡 用镊子取醋酸纤维素薄膜 1 张，注意识别光泽面（无药面）与无光泽面（有药面），并在角上用铅笔做上记号，放在缓冲液中浸泡 20min。浸泡薄膜时，要使薄膜均匀着液，否则会造成薄膜浸泡不均而影响实验结果。

② 点样 将膜条从缓冲液中取出，夹在两层粗滤纸中吸干多余的液体，然后平铺在玻璃板上（无光泽面朝上），将点样器在装有血清的小管中蘸一下，再在膜条一端 2～3cm 处轻轻地水平落下并随即提起，这样即在膜条上点上了细条状的血清样品。也可用毛细管画线点样。

③ 电泳 先剪裁尺寸合适的滤纸条，取双层滤纸条附着在电泳槽的支架上，使它的一端与支架的前沿对齐，而另一端浸入电极槽的缓冲液内。用缓冲液将滤纸全部润湿并驱除气泡，使滤纸紧贴在支架上，即为滤纸桥。它是联系醋酸纤维素薄膜和两极缓冲液之间的"桥梁"。再向电泳槽内加入缓冲液，使两个电极槽内的液面等高，将膜条平悬于电泳槽支架的滤纸桥上。电泳装置如图 3-7 所示。膜条上点样的一端靠近负极。盖严电泳室，通电。调节电压至 160V，电流强度 0.4～0.8mA/cm（以膜宽计），电泳时间约为 60～90min。

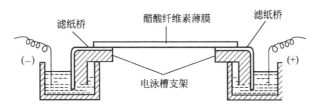

图 3-7 醋酸纤维素薄膜电泳装置图

④ 染色 电泳完毕后将膜条取下并放在染色液中浸泡 10min。

⑤ 漂洗 将膜条从染色液中取出后移到漂洗液中漂洗数次，直至底色变白为止，即可得到色带清晰的电泳图谱（如图 3-8 所示）。

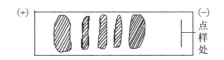

图 3-8 醋酸纤维素薄膜血清蛋白电泳图谱

⑥ 定量　将漂洗后的膜条用滤纸压平吸干，按分离得到的区带分段剪开，分别浸在 4mL 0.4mol/L NaOH 溶液中，并剪取相同大小的无色带膜条浸泡于 0.4mol/L NaOH 溶液中作空白管，待蓝色洗下后，在 620nm 波长以空白管作对照，测定各管的吸光度。按下述方法计算各种蛋白质的含量。

$$A_总 = A_白 + A_{\alpha1} + A_{\alpha2} + A_\beta + A_\gamma$$

$$白蛋白/\% = \frac{A_白}{A_总}$$

$$\alpha_1\ 球蛋白/\% = \frac{A_{\alpha1}}{A_总}$$

$$\alpha_2\ 球蛋白/\% = \frac{A_{\alpha2}}{A_总}$$

$$\beta\ 球蛋白/\% = \frac{A_\beta}{A_总}$$

$$\gamma\ 球蛋白/\% = \frac{A_\gamma}{A_总}$$

⑦ 光密度扫描法　将完全干燥的电泳图谱膜条放入透明液中浸泡 2～3min，取出贴于洁净玻璃板上，干后即为透明的薄膜图谱，可用光密度计扫描电泳谱上各区带的吸光度，以醋酸纤维素薄膜的长度为横坐标，以吸光度为纵坐标，绘出距离-吸光度曲线，由曲线每个峰的面积可计算出各区带蛋白质占血清总蛋白质的含量。

白蛋白　　　　　　　57%～72%
球蛋白　　　　　　　2%～5%
α 球蛋白　　　　　　4%～9%
β 球蛋白　　　　　　6.5%～12%
γ 球蛋白　　　　　　12%～20%

六、思考题

① 为什么要将点样一端放在电泳槽的负极端？
② 电泳时电压表显示的电压是否等于加在膜条两端的实际电压？为什么？
③ 与纸电泳相比，醋酸纤维素薄膜作为电泳支持物有何优点？

实验十六　多酚氧化酶的制备、化学性质及影响酶活的各种因素

一、目的

① 学习从组织细胞中制备酶的方法。

② 掌握多酚氧化酶的作用和化学性质。

③ 学习不同因素对于酶催化反应速度的影响。

二、原理

多酚氧化酶是一种含铜的酶，其最适 pH 值为 6~7。由多酚氧化酶催化的反应可用下式表示，以邻苯二酚（儿茶酚）的氧化为例：

由多酚氧化酶催化的氧化还原反应可通过溶液颜色的变化鉴定，这个反应在自然界中是常见的，如去皮的土豆和碰破的水果变成褐色就是由该酶作用的结果。

多酚氧化酶作用的最适底物是邻苯二酚。间苯二酚和对苯二酚与邻苯二酚的结构相似，它们也可被氧化为各种有色的物质。

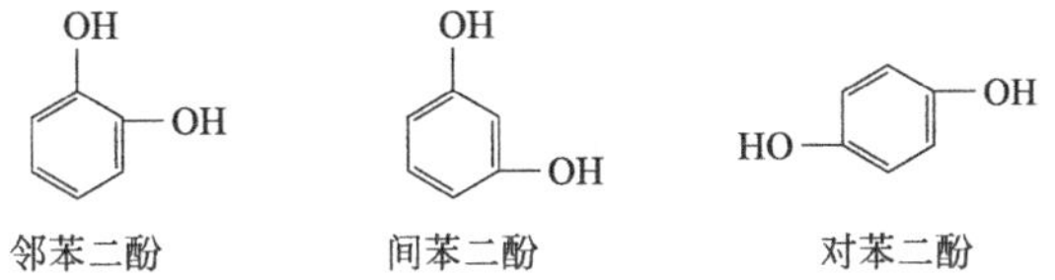

细胞环境中的各种因素直接影响酶的催化活性。因为酶是生物催化剂，其化学本质就是蛋白质，因此易受到各种因素的影响，如温度、pH、底物浓度、酶浓度均可改变其生物催化活性。

要测定这些因素对酶反应的影响，一般是测定在不同条件下酶对底物催化的反应速度。在研究某一种因素对酶反应的影响时，应使实验中其他影响因素保持不变，而仅改变待测因素来观察整个反应速度的变化。

三、实验器材

100mL 烧杯；匀浆器；真空泵；布氏漏斗；抽滤瓶；纱布；小刀；试管及试管架；恒温水浴锅；100mL 容量瓶；胶帽滴管；吸量管（2mL、5mL、10mL）。

四、材料和试剂

① 土豆。

② 0.1mol/L 的氟化钠溶液 将 4.2g 氟化钠溶于 1000mL 水中。

③ 0.01mol/L 的邻苯二酚溶液 将 1.1g 邻苯二酚溶解于 1000mL 水中，用稀 NaOH 调节溶液的 pH 为 6.0，防止其自身的氧化作用。当溶液变成褐色时，应重新配制。新配制的溶液应储存于棕色瓶中。

④ pH 4.8、0.05mol/L 柠檬酸-柠檬酸钠缓冲液（配法见附录）。

⑤ 5% 的三氯乙酸溶液。

⑥ 苯硫脲结晶。

⑦ 0.01mol/L 的间苯二酚溶液 称取 0.11g 间苯二酚加入少量蒸馏水溶解，定容至 100mL。

⑧ 0.01mol/L 的对苯二酚溶液 称取 0.11g 对苯二酚加入少量蒸馏水溶解，定容至 100mL。

⑨ 饱和硫酸铵溶液（配法参见附录）。

⑩ 多酚氧化酶抽提液。

⑪ 0.4％的盐酸　9.6mL 浓盐酸（市售 36％）加水稀释到 1000mL。

⑫ 0.1％的乳酸溶液　100mL 水中含有 0.1mL 的乳酸。

⑬ 0.5％的碳酸钠溶液　100mL 水中含有 0.5g 碳酸钠。

⑭ 0.01％的碳酸钠溶液　100mL 水中含有 0.01g 碳酸钠。

五、操作方法

1. 酶抽提物的制备

① 拿一块土豆，洗去上面的泥土。

② 把土豆削皮后切成小块。

③ 称取 50g 土豆块放入匀浆器中，再加入氟化钠溶液 50mL。

④ 在匀浆器中研磨 30s。

⑤ 把匀浆物通过几层细布滤入一个 100mL 的烧杯中。

⑥ 加入等体积的饱和硫酸铵溶液，混合后于 4℃放置 30min。

⑦ 在 4000r/min 下离心 15min，倒掉上清液。

⑧ 将沉淀物用大约 15mL 柠檬酸缓冲液溶解，即得该酶粗制品。

从土豆中得到的这种抽提液是一种粗酶液，含有多酚氧化酶。

2. 多酚氧化酶的作用

① 将 3 支干净的试管编号为 1、2 和 3。

② 按下面的要求制备各管：管 1 加入 15 滴酶抽提液和 15 滴 0.01mol/L 的邻苯二酚溶液，混合均匀；管 2 加入 15 滴酶抽提液和 15 滴水，混合均匀；管 3 加入 15 滴 0.01mol/L 的邻苯二酚溶液和 15 滴水混合。

③ 把三支试管放于 37℃水浴中。

④ 每隔 5min 振荡试管并观察每管中溶液颜色的变化，共反应 25min。

3. 多酚氧化酶的化学性质

① 取 3 支试管，编号为 1、2 和 3。

② 向管 1 中加入 15 滴酶抽提液和 15 滴 0.01mol/L 的邻苯二酚溶液，振荡混合后放于 37℃水浴中保温 10min。

③ 向管 2 中加入 10 滴酶抽提液和 10 滴 5％的三氯乙酸，混合均匀，放置 2min，加入 10 滴 0.01mol/L 的邻苯二酚溶液。混合均匀后放于 37℃水浴中保温 10min，观察溶液颜色的变化。

④ 向管 3 中加入 15 滴酶抽提液和少量苯硫脲结晶，充分混合，连续振荡 5min。然后加入 15 滴邻苯二酚溶液。将管放入 37℃水浴中保温 10min，观察溶液颜色的变化。

4. 底物专一性

① 取 3 支试管，编号为 1、2 和 3。

② 向 3 支试管中分别加入 15 滴酶抽提液。

③ 再按下面的要求加入试剂：向管 1 中加入 15 滴 0.01mol/L 的邻苯二酚溶液，向管 2 中加入 15 滴 0.01mol/L 的间苯二溶液，向管 3 中加入 15 滴 0.01mol/L 的对苯二酚溶液。

④ 混合各试管中的溶液，并将它们于 37℃水浴保温。

⑤ 以 5min 的时间间隔，观察溶液的颜色变化，共保温 10min，用符号"＋""＋＋"……表示每管中溶液的颜色深浅。颜色的深浅程度即表示酶的活性大小。

⑥ 根据结果，找出多酚氧化酶的最适底物是哪一个。

5. 底物浓度的影响

酶反应的速度随底物浓度的增加而增加，直至达到最大反应速度为止。此时，如果再增加底物浓度，反应速度也不再变化。

① 取 3 支试管，编号为 1、2 和 3。

② 向管 1 中加入 0.1mL 0.01mol/L 的邻苯二酚和 3.9mL 水，混合。

③ 向管 2 中加入 1.0mL 0.01mol/L 的邻苯二酚和 3mL 水，混合。

④ 向管 3 中加入 4mL 0.01mol/L 的邻苯二酚。

⑤ 向 3 支试管中分别加入 0.5mL 酶抽提液，混合。

⑥ 把 3 支试管放于 37℃ 水浴中保温 1min。

⑦ 观察各管溶液颜色的变化。

6. 酶浓度的影响

① 取 2 支试管，编号为 1 和 2。

② 向管 1 中加入 15 滴 0.01mol/L 的邻苯二酚和 15 滴酶抽提液，混合。

③ 向管 2 中加入 15 滴 0.01mol/L 的邻苯二酚和 1 滴酶抽提液、14 滴水，混合。

④ 把 2 支试管放于 37℃ 水浴中保温 2min。

⑤ 观察各管中溶液颜色的变化。

7. 氢离子浓度的影响

① 取 5 支试管，编号为 1、2、3、4 和 5。

② 按下面要求制备各管：管 1 加入 2mL 0.4% 的盐酸；管 2 加入 2mL 0.1% 的乳酸溶液；管 3 加入 2mL 蒸馏水；管 4 加入 2mL 0.01% 的碳酸钠溶液；管 5 加入 2mL 0.5% 碳酸钠溶液。此时每管的 pH 应为 1、3、5、7 和 9。

③ 向 5 支试管中分别加入 15 滴 0.01mol/L 的邻苯二酚溶液。

④ 向各管中分别加入 15 滴酶提取液。

⑤ 混合均匀，把各管都放入 37℃ 水浴中保温 5min。

⑥ 观察每管中溶液的颜色变化并确定其最适 pH。

六、思考题

① 在多酚氧化酶的化学性质实验中加入三氯乙酸与苯硫脲各起什么作用？

② 在做酶的实验时必须控制哪些条件？为什么？

③ 多酚氧化酶的最适 pH 是多少？

实
验
十七

淀粉酶活力测定

一、目的

① 掌握测定淀粉酶活力的原理和方法。

② 熟练掌握分光光度计的原理、使用方法和注意事项。

二、原理

淀粉是植物中最主要的贮藏多糖，在萌发的禾谷类种子中淀粉酶活力最强，主要包括 α-淀粉酶和 β-淀粉酶。其中 α-淀粉酶不耐酸，在 pH3.6 以下迅速钝化；β-淀粉酶不耐热，在 70℃下 15min 被钝化。

淀粉酶活力的大小与产生的还原糖量成正比，用麦芽糖溶液制作标准曲线，分光光度计法测定还原糖含量［见实验三 3,5-二硝基水杨酸（DNS）法测定还原糖］，以单位质量样品在一定时间内生成的麦芽糖量表示酶活力。

三、实验器材

离心机；离心管；分光光度计；恒温水浴锅；容量瓶；试管。

四、材料与试剂

① 萌发 3 天的小麦种子。

② 麦芽糖标准溶液（1mg/mL）　精确称量 100mg 麦芽糖，用蒸馏水溶解后，定容至 100mL。

③ 3,5-二硝基水杨酸（DNS）溶液（10mg/mL）　将 1g 3,5-二硝基水杨酸溶于 20mL 2mol/L 的氢氧化钠溶液中，加入 50mL 蒸馏水，再加入 30g 酒石酸钾钠，溶解后定容至 100mL，避光储存。

④ pH 5.6、0.1mol/L 柠檬酸缓冲液（配法见附录）。

⑤ 1%淀粉溶液　将 1g 可溶性淀粉溶于 100mL 的 pH 5.6 0.1mol/L 柠檬酸缓冲液中。

⑥ 0.4mol/L NaOH 溶液。

五、操作方法

① 麦芽糖标准曲线的制作　取 7 支干净的试管，编号，按表 3-18 加入各试剂后摇匀，沸水浴准确反应 5min，快速冷却至室温，加蒸馏水定容至 10mL，摇匀后在 540nm 波长下测定吸光值。以麦芽糖含量为横坐标，吸光值为纵坐标，绘制标准曲线。

表 3-18　麦芽糖标准曲线的制作

试剂	试管编号						
	1	2	3	4	5	6	7
麦芽糖标准溶液/mL	0	0.1	0.3	0.5	0.7	0.9	1.0
蒸馏水/mL	1.0	0.9	0.7	0.5	0.3	0.1	0
3,5-二硝基水杨酸溶液/mL	1.0	1.0	1.0	1.0	1.0	1.0	1.0

② 提取淀粉酶液　取萌发 3 天的小麦种子 3.0g，放入研钵内，加少量石英砂和少量蒸馏水，充分研磨后转入离心管，并用蒸馏水分次将残渣洗入离心管，颠倒混匀，室温提取 10min 后，5000r/min 离心 10min。将上清液倒入 100mL 容量瓶，加水摇匀，定容，即为淀粉酶原液。吸取淀粉酶原液 5mL，定容至 100mL，即为淀粉酶 20 倍稀释液。

③ 测定酶活力　将配制的淀粉提取液、淀粉溶液、反应用试管均置于 40℃水浴中预热保温；取 6 支试管（对照管及反应管各 3 支），加入预热淀粉酶稀释液 0.5mL，对照组加预

热蒸馏水 0.5mL，反应管加预热淀粉溶液 0.5mL，再加 pH5.6 柠檬酸缓冲液 1mL，40℃水浴准确反应 5min 后，加入 0.4mol/L NaOH 2mL 终止反应。

取 1mL 反应液至试管，加入 3,5-二硝基水杨酸溶液 1mL，沸水浴准确反应 5min，快速冷却至室温，加蒸馏水定容至 10mL 摇匀，以标准曲线 1 号管做参比，在 540nm 波长下测定吸光值。

六、结果与分析

制作麦芽糖标准曲线，根据标准曲线算出水解麦芽糖的含量。40℃，pH5.6 条件下，以每分钟水解 1%淀粉产生 1mg 麦芽糖所需要的酶量为 1 个酶活力单位（U）。以下式计算出该酶的活力。

$$淀粉酶活力 = \frac{4n \times (A-B) \times V_t}{W \times V_u \times 5}$$

式中，A 为测试管水解生成的麦芽糖质量平均值，mg；B 为对照管麦芽糖质量的平均值，mg；n 为淀粉酶原液稀释倍数；V_t 为淀粉酶原液的总体积，mL；V_u 为反应所用酶液体积，mL；W 为样品质量，g。

七、注意事项

① 精确量取试剂，按顺序加入，准确控制反应时间。
② 淀粉酶可根据不同材料的酶活力做适当稀释。

八、思考题

① 小麦萌发过程中淀粉酶活力升高的原因是什么？
② 实验中消除误差的方法是什么？

实验十八 / 根据底物浓度和酶反应速度之间的关系求米氏常数 K_m

一、目的

学习测定蔗糖酶米氏常数 K_m 的方法。

二、原理

底物浓度和酶反应速度之间的关系如图 3-9 所示。

从上图看出，当底物浓度很低时，反应速度随底物浓度的增加而迅速地增加；当底物浓度再增加时，反应速度继续增加，但增加的速度较慢；当底物达到充分高的浓度时，反应速度趋向于恒定，不再随底物浓度的增加而增加。也就是说，当所有的酶分子被底物饱和后，反应即可

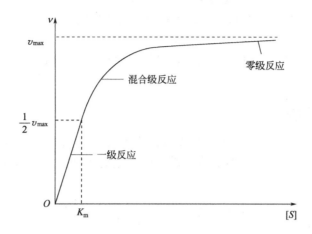

图 3-9　底物浓度和酶反应速度的关系

达到最大反应速度。

Michaelis 和 Menten 首先定量地描述了酶反应的速度和底物浓度之间的关系：

$$v=\frac{v_{\max}[S]}{K_m+[S]}$$

这就是米氏方程表达式。式中，v 代表反应速度，$v_{\max}$ 表示最大反应速度，K_m 是米氏常数，[S] 指底物浓度。从方程式可以看出，当 $v=\frac{1}{2}v_{\max}$ 时，方程可写为[S]$=K_m$，也就是说，K_m 等于反应速度达到最大速度一半时的底物浓度。Lineweaver 和 Burk 将米氏方程改写为倒数形式，即 $\frac{1}{v}=\frac{K_m}{v_{\max}}\times\frac{1}{[S]}+\frac{1}{v_{\max}}$。这样，以反应速度的倒数对相应的底物浓度的倒数作图，即 $\frac{1}{v}$ 对 $\frac{1}{[S]}$ 作图应得到一条直线（图 3-10）。

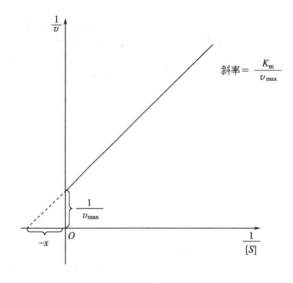

图 3-10　双倒数图

直线的斜率为 $\dfrac{K_m}{v_{max}}$，直线在 $\dfrac{1}{v}$ 轴上的截距为 $\dfrac{1}{v_{max}}$，在 $\dfrac{1}{[S]}$ 轴上的截距为 $-\dfrac{1}{K_m}$。不同的酶有不同的 K_m 值，对同一种酶来说，若底物不同，K_m 值也不同。大多数纯酶的 K_m 值在 $0.01\sim100mol/L$ 之间。

蔗糖酶催化蔗糖水解为葡萄糖和果糖。在 3,5-二硝基水杨酸（DNS）存在下，葡萄糖与该试剂反应产生橘红色的物质。所成颜色的深浅与单糖的量成比例，可在 530nm 波长下测定。在实验中，可以 A_{530} 代表反应速度，以 $\dfrac{1}{A}$ 对 $\dfrac{1}{[S]}$ 作图求出 K_m 和 v_{max}。

三、实验器材

试管及试管架；移液管（1mL、2mL）；500mL 烧杯；三角瓶（50mL、100mL）；温度计；恒温水浴锅；分光光度计。

四、材料与试剂

① 酵母粉。

② 甲苯。

③ 醋酸钠。

④ 4mol/L 的醋酸溶液　将 40mL 浓的冰醋酸（17mol/L）加水稀释到 170mL。

⑤ 1mol/L 的 NaOH 溶液。

⑥ 0.1mol/L pH4.6 的醋酸缓冲液　先配制 A 液与 B 液。A 液（0.2mol/L 的醋酸）：把 11.55mL 的冰醋酸加水稀释到 1000mL。B 液（0.2mol/L 的醋酸钠溶液）：把 16.4g 醋酸钠溶于大约 100mL 水中，并加水到 1000mL。（注：若使用含 3 分子结晶水的醋酸钠，需把 27.2g 醋酸钠溶于水并加水到 1000mL。）将 255mL A 液和 245mL B 液混合，并加水到 1000mL。

⑦ 0.1mol/L 的蔗糖溶液　用 0.1mol/L pH4.6 的醋酸缓冲液制备。

⑧ 3,5-二硝基水杨酸试剂（参见实验三）。

五、操作方法

（一）蔗糖酶的制备

1. 方法一

称取 10g 酵母粉，放入 100mL 三角瓶内，把三角瓶放在 30℃水浴中，不断搅拌并加入 5mL 甲苯。35～40min 后，团块液化，加入 30mL 蒸馏水，充分混合后将三角瓶放于 30℃ 温箱中过夜。次日，3500r/min 离心 20min。

离心后，管内样品分为三层，在中层的透明液体即为酶抽提液。使用时稀释 50 倍即可。此法得到的蔗糖酶纯度较差，含有其他的酶，但由于该酶对其作用底物的专一性，即使有其他酶的存在，也不会影响实验结果。

2. 方法二

① 称取 10g 酵母粉，放入 50mL 的三角瓶内。

② 加入 0.8g 醋酸钠，在室温下搅拌 15～20min，使酵母液化。

③ 加入 1.5mL 甲苯，用一个软木塞塞住瓶口。

④ 振荡 10min 后，把三角瓶放于 37℃温箱中保温 50～60h。

⑤ 加入 1.6mL 4mol/L 醋酸和 5mL 水，使溶液的 pH 达 4.5 左右。

⑥ 3500r/min 离心 30min。

⑦ 离心后，管内液体分为三层，在中层的透明液即为蔗糖酶，吸出并保存于适当的瓶子中备用。

⑧ 使用前，将酶液稀释 50～200 倍。

（二）蔗糖酶 K_m 的测定

① 取 12 支试管，分别编号。

② 按表 3-19 向每支管中加入试剂。

表 3-19   蔗糖酶催化蔗糖水解反应

试管号	0.1mol/L 蔗糖溶液/mL	醋酸缓冲液/mL	酶抽提液/mL	备注	1mol/L NaOH 溶液/mL
1	0	2	2		0.5
2	0.2	1.8	2		0.5
3	0.25	1.75	2		0.5
4	0.30	1.70	2		0.5
5	0.35	1.65	2	试剂加入后，立即混合，将试管放入 36℃ 水浴中精确保温 10min。	0.5
6	0.40	1.6	2		0.5
7	0.50	1.5	2		0.5
8	0.60	1.4	2		0.5
9	0.80	1.2	2		0.5
10	1.0	1	2		0.5
11	1.5	0.5	2		0.5
12	2	0	2		0.5

注：1. 酶与底物反应的时间为 10min，因此，以 2min 的时间间隔向每支试管中加入酶液，确保每管中反应时间相等。

2. 加入碱是为了终止酶的反应，所以也应以同样的时间间隔加入。

③ 另取 12 支试管，编号为 1′、2′、3′、4′、5′、6′、7′、8′、9′、10′、11′和 12′。从上表各管中依次吸出 0.5mL 溶液放入对应的各试管中。向这些试管中分别加入 1.5mL 3,5-二硝基水杨酸，混合均匀，再依次加入 1.5mL 蒸馏水，把这些管放于沸水浴中加热煮沸 10min，然后放在一个盛有冷水的烧杯中冷却。

④ 取 1mL 稀释至 7mL，充分混合后，于 530nm 波长下测各管的 A 值。并按表 3-20 记录各管 A 值和[S]值。

⑤ 计算 $\dfrac{1}{[S]}$ 和 $\dfrac{1}{A}$，并填在表 3-20 中。

表 3-20   各实验管中的 A、[S]、$\dfrac{1}{[S]}$ 及 $\dfrac{1}{A}$ 值

试管号	[S]	A	$\dfrac{1}{[S]}$	$\dfrac{1}{A}$
1	0		∞	
2	0.005		200	
3	0.00625		160	

续表

试管号	[S]	A	$\frac{1}{[S]}$	$\frac{1}{A}$
4	0.0075		133.3	
5	0.00875		114.3	
6	0.01		100	
7	0.0125		80	
8	0.015		66.7	
9	0.02		50	
10	0.025		40	
11	0.0375		26.7	
12	0.05		20	

⑥ 以 $\frac{1}{v}\left(\frac{1}{A_{S30}}\right)$ 对 $\frac{1}{[S]}$ 作图，应得到一条直线。

⑦ 由图求 K_m 值。

六、思考题

① K_m 值的物理意义是什么？为什么要用酶反应的初速度计算 K_m 值？

② 本实验是采用何种方法计算 K_m 值的？

实验
十九

小牛胸腺 DNA 的制备及熔解温度的测定

一、目的

① 掌握浓盐法从动物组织提取 DNA 的原理和方法。

② 掌握用紫外分光光度计测定 DNA 的方法。

③ 掌握测定 DNA 熔解温度的方法。

二、原理

小牛胸腺、猪脾、猪肝等动物组织的细胞核含量比例大，DNA 含量较高，其中小牛胸腺的脱氧核糖核酸酶的活性较低，便于 DNA 的提取。

核酸通常以脱氧核糖核蛋白（DNP）和核糖核蛋白（RNP）的形式存在于细胞中，在不同浓度盐溶液中，其溶解度差别很大。通常采用 0.14mol/L 的盐溶液来溶解 RNP，使

DNP 沉淀，使用浓盐溶液（如 $1\sim2$mol/L）提取 DNP。在提取缓冲液中加入 EDTA 螯合 Mg^{2+}，降低核酸酶活性。

　　抽提到的脱氧核糖核蛋白通过蛋白质变性剂（SDS）的加入，即可使 DNA 与蛋白质分离，加入氯仿-异戊醇除去蛋白质沉淀，再加入预冷的无水乙醇，可使 DNA 呈纤维状沉淀。利用紫外分光光度计测量计算其产率和纯度。

　　把 DNA 的双螺旋结构失去一半时的温度称为该 DNA 的熔解温度，用 T_m 表示，一般 DNA 的熔解温度为 $70\sim85℃$。T_m 与 DNA 的均一性、GC 含量、介质中离子强度等有关，每种 DNA 的 T_m 不同，可以用于 DNA 的鉴定和特征分析。当 DNA 加热变性时（如：DNA 的稀盐溶液加热到 $80\sim100℃$ 时），双螺旋结构发生解体，双链分开，形成无规则线团，260nm 紫外吸收值显著升高（增色效应）。根据此原理，可以用紫外分光光度法测定 DNA 的 T_m。

三、实验器材

　　高速冷冻离心机；离心管；组织匀浆器；恒温水浴锅；紫外分光光度计；石英比色杯；吹风机；试管、试管帽；量筒；移液器；滴管；容量瓶。

四、材料与试剂

　　① 小牛胸腺组织。
　　② 溶液 A　0.14mol/L NaCl-0.015mol/L 柠檬酸钠。
　　③ 溶液 B　0.14mol/L NaCl-0.1mol/L EDTA，pH8.0。
　　④ 10% SDS。
　　⑤ 氯仿-异戊醇（24∶1）混合液。
　　⑥ 95%乙醇、无水乙醇。
　　⑦ 5mol/L NaCl 溶液。
　　⑧ 0.1mol/L NaOH 溶液。

五、操作方法

　　1. 提取脱氧核糖核蛋白
　　① 取小牛胸腺在冰块上去除脂肪和结缔组织，剪碎后用匀浆器低温匀浆。
　　② 称取 5g 上述处理的组织匀浆，加入 40mL 预冷的溶液 A，匀浆 3 次。匀浆物 4000r/min 离心 10min，去上清液。
　　③ 沉淀中加入 40mL 预冷的溶液 A，重复②步骤，留沉淀。
　　④ 沉淀中加入 25mL 预冷的溶液 B，匀浆两次后成为备用的悬浮液。
　　2. 去除蛋白质
　　① 在悬浮液中边搅拌边加入 10% SDS 溶液 3mL，60℃ 恒温水浴保温 10min，不断搅动，观察到溶液明显黏稠。
　　② 缓慢加入 8mL 5mol/L NaCl 搅拌，观察直至溶液变稀。
　　③ 将上述溶液 4℃，4000r/min 离心 10min，取上清液。
　　④ 加入 40mL 氯仿-异丙醇（24∶1）混合液，在室温下剧烈摇动 10min。
　　⑤ 4000r/min 离心 5min，吸取上清液（弃去蛋白质层，回收有机相）。

3. 提取 DNA

① 上清液滴入 30mL 预冷的 95％乙醇中，用玻璃棒轻轻缠出 DNA 丝状物。

② DNA 置于小烧杯内，用 95％乙醇和无水乙醇清洗至无浑浊，吹风机吹干。

③ 称重，计算产率。

4. 测定 DNA 纯度

① 准确称取 50mg DNA，加少量 0.1mol/L NaOH 溶液溶解，加水定容至 50mL。

② 用紫外分光光度计测定 DNA 溶液在 260nm 和 280nm 的吸光度。

5. 测定 DNA 熔解温度 T_m

紫外分光光度法：预热紫外分光光度计，将水浴锅设为 50℃、70℃、85℃、90℃、95℃、100℃，室温控制在 25℃，在 7 支试管中各加入 DNA 溶液 3mL，盖塞保温。其中一管 25℃下测定其 A_{260}（为 $A_{260,25℃}$），其余试管在不同温度水浴中温浴 15min 后，冰浴后测定各温度温浴下样品的 A_{260}（$A_{260,T}$）。

六、结果与分析

① 根据每毫升含 $1\mu g$ 纯 DNA 的 A_{260} 为 0.020，计算 DNA 的含量及纯度。

② 以 T 为横坐标，以 $A_{260,T}/A_{260,25℃}$ 为纵坐标，作出 DNA 的熔解曲线，求 T_m 值。（取曲线上直线部分延长线的交点之间的中点求 T_m。）

七、注意事项

① 注意整个 DNA 提取过程低温操作。

② 紫外分光光度法测定熔解温度时，可对水浴温度间隔加密，使曲线更加精准。

八、思考题

① 提取脱氧核糖核蛋白悬浮液加 SDS 溶液后为什么变浓稠？加 NaCl 后为什么变稀？

② 紫外分光光度法测定 DNA 熔解温度的原理是什么？

③ 为防止核酸酶降解 DNA，实验过程采取了哪些措施？

实验
二十

DNA 的琼脂糖凝胶电泳

一、目的

学习水平式琼脂糖凝胶电泳检测 DNA 的方法。

二、原理

凝胶电泳作为一项重要实验技术，在研究核酸、蛋白质等生物大分子中被广泛应用。其中琼脂糖凝胶电泳技术是用于 DNA 分子片段的分子量测定和分子构象研究的重要实验手段。

DNA 分子在琼脂糖凝胶中泳动时同时具有电荷效应和分子筛效应。DNA 分子在 pH 大于其等电点的溶液中，带负电荷，在电场中向正极移动；在 pH 小于其等电点的溶液中，带正电荷，向负极移动。由于糖-磷酸骨架结构上的特性，使相同数量的双链 DNA 几乎带有等量的电荷，因此在一定的电场强度下，DNA 分子的迁移速度取决于分子筛效应，即 DNA 分子本身的大小和构型。DNA 分子的迁移速度与分子量的对数值成反比关系。具有不同分子量的 DNA 片段泳动速度不同，因而得以分离。凝胶电泳不仅可分离不同分子量的 DNA，也可以分离分子量相同，但构型不同的 DNA。

对琼脂糖凝胶中 DNA 的观察，最简便的方法是利用荧光染料溴化乙锭（EB）。EB 在紫外线的照射下能发出波长 590nm 的红色荧光。当 DNA 样品在琼脂糖凝胶中电泳时，琼脂糖凝胶中的 EB 就插入 DNA 分子中形成荧光络合物，使 DNA 发射的荧光增强几十倍。

三、器材

水平式琼脂糖凝胶电泳系统；紫外线透射仪。

四、材料及试剂

① DNA 样品　大肠埃希菌 K-12HB101 中含有的 pBR322 质粒。

② 标准 DNA　λDNA 的 BamHⅠ水解液，含有 6 个不同的 DNA 片段（50mg/mL）。

③ 溴酚蓝-甘油溶液（0.05％溴酚蓝-50％甘油溶液）　先配制 0.1％溴酚蓝水溶液，然后取一份溴酚蓝溶液与等体积的甘油混合。

④ 1％琼脂糖　用 Tris-硼酸缓冲液配制。

⑤ 1mg/mL 溴化乙锭溶液。

⑥ 5×TBE 电泳缓冲液（pH8.0）　加入 54g 三羟甲基氨基甲烷（Tris）、27.5g 硼酸、20mL 0.5mol/L EDTA，用重蒸水定容至 1000mL。

五、操作方法

① 将 1g 琼脂糖溶解于 100mL Tris-硼酸缓冲液中，在沸水浴中加热助溶。一定要使其全部溶解，不应有固体颗粒存在。灌胶前，应将凝胶冷却到 70℃ 左右，并加入溴化乙锭溶液，使 EB 的最终浓度达到 0.5μg/mL，轻轻摇动，使之混匀。（注意：溴化乙锭是一种诱变剂、强致癌物，在整个操作中应戴手套。）

② 如图 3-11 所示，先用胶布把凝胶板的两边封住，然后把塑料板水平放于实验台上，把塑料梳子垂直放于距板的一边 5cm 处，梳子与板之间应留有 1mm 的空隙。

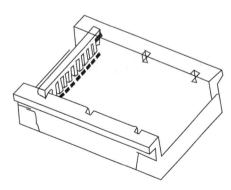

图 3-11　水平电泳装置示意图

③ 将琼脂糖液冷却到 60℃ 时，倒在胶板上，胶液应充满整个板面。

④ 用滴管迅速除去可能产生的气泡，室温下静置 30min，以使琼脂糖凝固。

⑤ 胶凝固后，轻轻拔下梳子，即可见到长方形孔格。

⑥ 撕掉胶布，把凝胶板放于电泳槽的中间位置，样品槽应靠近负极端。

⑦ 加入 TBE 电泳缓冲液，使样品板淹没。

⑧ 样品的处理　向标准 DNA 液和待测样品液中分别加入 1/5 体积的溴酚蓝-甘油溶液。（如果待测样体积太小，可用电泳缓冲液稀释，一般点样体积为 2μL 溴酚蓝，8μL 样品。）

⑨ 向样品槽内分别加入处理的标准 DNA 液及样品液各 20μL，打开电泳仪开关，调节电压至 170～180V（最高电场强度不超过 5V/cm，一般大电泳槽不超过 200V，小电泳槽不超过 150V），开始电泳。

⑩ 待示踪染料（溴酚蓝）移动到距正极端 1～2cm 处，停止电泳。

⑪ 电泳结束后，把凝胶放于 254nm 波长的紫外灯下，可以看到 DNA 存在的位置呈现橙黄色的荧光。比较标准 DNA 的荧光带与待测样品的荧光带，推测待测样品的分子量或其他特性，此时也可进行拍照。

六、思考题

① 为什么要在制琼脂糖凝胶时加入溴化乙锭？

② 琼脂糖作为凝胶电泳的支持物有何优点？

实验二十一

质粒 DNA 的小量制备

一、目的

学习和掌握碱裂解法提取质粒 DNA。

二、原理

质粒是一种双链的共价闭合环状 DNA 分子，它是染色体外能够稳定遗传的物质。因质粒能在细胞质中独立自主地进行复制，并在子细胞保持恒定的拷贝数，因此质粒常常作为使外源 DNA 片段进入受体细胞的运载工具（载体）。

碱裂解法提取质粒是根据质粒 DNA 与染色体 DNA 在变性与复性过程中存在差异，进而达到分离的目的。在 pH 值介于 12.0～12.5 这个狭窄的范围内，染色体 DNA 的双螺旋结构解开而变性，而质粒 DNA 的氢键虽然会断裂，但其超螺旋共价闭合环状的两条互补链相互盘绕、紧密结合，所以不会完全分开。当加入 pH4.8 的乙酸钾高盐缓冲液使 pH 值恢复中性时，变性的质粒 DNA 又恢复成原来的构型，保存在溶液中；而染色体 DNA 不能复性而形成缠绕的网状结构。通过离心，染色体 DNA、不稳定的大分子 RNA 以及蛋白质-SDS

复合物等一起沉淀下来而被除去。

三、实验器材

恒温培养箱；恒温摇床；台式离心机；高压灭菌锅；低温冰箱。

四、试剂及材料

① 溶液Ⅰ　含有 50mmol/L 葡萄糖，25mmol/L 三羟甲基氨基甲烷（Tris）Tris-HCl（pH8.0），10mmol/L 乙二胺四乙酸（EDTA）。配制方法为：首先取 1mol/L Tris 母液 2.5mL，加入 50mL 去离子水，用 HCl 调 pH 至 8.0，再加入 200mmol/L 的葡萄糖溶液 25mL、250mmol/L 的 EDTA 溶液 4mL，最后定容至 100mL。

② 溶液Ⅱ　0.4mol/L NaOH 和 2% SDS，用前等体积混合。

③ 溶液Ⅲ　5mol/L 乙酸钾 60mL，冰乙酸 11.5mL，水 28.5mL。

④ TE 缓冲液　含有 10mmol/L Tris-HCl，1mmol/L EDTA，pH8.0。配制方法为：首先取 1mol/L Tris 母液 1mL，加入 50mL 去离子水，用 HCl 调 pH 至 8.0，再加入 250mmol/L 的 EDTA 溶液 0.4mL，最后定容至 100mL。

⑤ 70% 乙醇（置于 $-20℃$ 冰箱中，用后即放回）。

⑥ 胰 RNA 酶　首先取 1mol/L Tris 母液 1mL，加入 50mL 去离子水，用 HCl 调 pH 至 7.5，再加入 3mol/L NaCl 溶液 0.5mL，定容至 100mL。称取 10mg RNA 酶溶于 1mL 上述溶液中，于 100℃ 加热 15min，缓慢冷却至室温，保存于 $-20℃$。

⑦ 终止液　40% 蔗糖、0.25% 溴酚蓝。

⑧ 氯仿-异戊醇（24∶1）。

⑨ 含 pUC18 质粒的大肠埃希菌。

⑩ LB 液体培养基　1L 培养基中含有细菌培养用胰蛋白胨 12g、细菌培养用酵母提取物 5g、NaCl 10g。首先用少量去离子水将上述溶质溶解，再用 5mol/L NaOH 调节 pH 至 7.0，最后定容至 1L，$1.034×10^5$ Pa 高压蒸汽灭菌 20min。

⑪ 氨苄西林（Amp）。

五、操作方法

① 将 2mL 含 100μg/mL 氨苄西林的 LB 液体培养基加入试管中，接入上述含 pUC18 质粒的大肠埃希菌，37℃ 振荡培养过夜。

② 取 1.5mL 培养物倒入微量离心管中，12000r/min 离心 1min。

③ 弃去培养液，使细胞沉淀尽可能干燥。

④ 将细菌沉淀悬浮于 100μL 溶液Ⅰ中，充分混匀，室温下放置 10min。

⑤ 加入 200μL 溶液Ⅱ（新鲜配制）。盖紧管口，混匀内容物，将离心管放冰上 5min。

⑥ 加入 150μL 溶液Ⅲ（冰上预冷），盖紧管口，颠倒数次使之混匀。冰上放置 15min。

⑦ 12000r/min 离心 5min，将上清液转至另一离心管中。

⑧ 向上清液中加入等体积氯仿-异戊醇（24∶1），反复混匀，12000r/min 离心 5min，小心将上清液转移到另一离心管中。

⑨ 加入 2 倍体积的无水乙醇，冰上放置 30min，12000r/min 离心 5min。倒去上清液，把离心管倒扣在吸水纸上，吸干液体。

⑩ 用 1mL 70% 乙醇洗涤质粒 DNA 沉淀，振荡并离心，12000r/min 离心 5min，倒去

上清液，37℃烘箱烘干。

⑪ 加 20μL TE 缓冲液，使质粒 DNA 沉淀溶解，加入胰 RNA 酶，使其终浓度达到 20μg/mL，−20℃保存。

六、思考题

① 什么是质粒？它的生物学功用是什么？
② 简述提取质粒的主要步骤。

实验
二十二

酵母 RNA 提取与定性和定量鉴定

一、目的

了解并掌握稀碱法提取 RNA 及地衣酚显色法测定 RNA 含量的基本原理和具体方法。

二、原理

RNA 的来源和种类很多，因而提取制备方法也各异。制备具有生物活性的 RNA 一般有苯酚法、去污剂法和盐酸胍法，其中实验室最常用的是苯酚法。利用该方法时，首先将菌用组织匀浆机破菌后，再用苯酚处理并离心，RNA 即溶于上层被饱和的水相中，DNA 和蛋白质则留在酚层中，然后向水层加入乙醇，RNA 即以白色絮状沉淀析出，此法能较好地除去 DNA 和蛋白质。

工业上常用浓盐法和稀碱法提取 RNA，用这两种方法所提取的核酸均为变性 RNA，主要用作制备核苷酸原料，其工艺比较简单。浓盐法是用 10% 左右氯化钠溶液，90℃提取 3～4h，迅速冷却，提取液经离心后，上清液用乙醇沉淀 RNA。稀碱法是使用稀碱（本实验用 0.2% NaOH 溶液）使酵母细胞裂解，然后用酸中和。除去蛋白质和菌体后的上清液用乙醇沉淀 RNA 或利用等电点沉淀（调 pH2.5）。酵母中的 RNA 含量达 2.67%～10.0%，而 DNA 含量仅为 0.03%～0.516%，为此提取 RNA 多以酵母为原料。

RNA 含量测定，除可用紫外吸收法及定磷法外，常用地衣酚法。在测定过程中，当 RNA 与浓盐酸共热时，即发生降解，形成的核糖继而转变成糠醛，后者与 3,5-二羟基甲苯（地衣酚，orcinol）反应，在 Fe^{3+} 或 Cu^{2+} 催化下，生成鲜绿色复合物。反应产物在 670nm 有最大光吸收。RNA 浓度在 10～100μg/mL 范围内，光吸收与 RNA 浓度成正比。

地衣酚法灵敏度高，但特异性差，凡戊糖均有此反应，DNA 和其他杂质也能与地衣酚反应产生类似颜色。因此，测定 RNA 时可先测得 DNA 含量再计算 RNA 含量。

三、实验器材

10mL 容量瓶；100mL 烧杯；移液管（2.0mL、5.0mL）；量筒（10mL、50mL）；水浴锅；离心机；布氏漏斗；抽滤瓶；石蕊试纸。

四、材料与试剂

① 干酵母粉。

② 标准 RNA 母液（须用定磷法测定其纯度）　准确称取 RNA 10.0mg，用少量 0.05mol/L NaOH 溶液湿透，用玻棒研磨成糊状的混合液，加入少量蒸馏水混匀，调 pH7.0，再用蒸馏水定容至 10mL，溶液中 RNA 为 1mg/mL。

③ 标准 RNA 溶液　取母液 1.0mL 置 10mL 容量瓶中，用蒸馏水稀释至刻度，配制成 100μg/mL RNA 溶液。

④ 样品溶液　控制 RNA 浓度在 10~100μg/mL 范围内。本实验称量自制干燥 RNA 粗制品 10mg（估计其纯度约为 50%），按标准 RNA 溶液方法配制到 100mL。

⑤ 地衣酚-铜离子试剂　将 100mg 地衣酚溶于 100mL 浓盐酸中，再加入 100mg CuO，临用前配制。

⑥ 0.2% NaOH 溶液。

⑦ 0.05mol/L NaOH 溶液。

⑧ 乙酸。

⑨ 95% 乙醇。

⑩ 无水乙醚。

⑪ 二苯胺试剂　将 1g 二苯胺溶于 100mL 冰醋酸中，再加入 2.75mL 浓硫酸。置冰箱中可保存 6 个月。使用前，在室温下摇匀。

⑫ 地衣酚乙醇溶液　将 6g 地衣酚溶于 100mL 95% 乙醇中。可在冰箱中保存 1 个月。

五、操作方法

1. 酵母 RNA 提取

称取 4g 干酵母粉置于 100mL 烧杯中，加入 40mL 0.2% NaOH 溶液，沸水浴中搅拌提取 30min。然后加入数滴乙酸溶液使提取液呈酸性（石蕊试纸检查），4000r/min 离心 10~15min，取上清液。

加入 30mL 95% 乙醇，边加边搅动。加毕，静置，待 RNA 沉淀完全后，用布氏漏斗抽滤。抽滤前先剪大小合适的滤纸并称重（注意滤纸直径既要小于漏斗内径，又要能盖住漏斗漏孔）。滤渣用少量 95% 乙醇及无水乙醚各洗两次，洗涤时可用细玻棒小心搅动沉淀。最后用布氏漏斗抽滤，用镊子取出沉淀物及滤纸，置于 80℃ 恒温箱内干燥。

取出样品，冷却至室温，称量滤纸及其上的 RNA 粗品质量，计算出所得 RNA 粗品的质量及 RNA 的含量：

$$干酵母粉 RNA 含量 = \frac{RNA 质量(g)}{干酵母粉质量(g)}$$

2. RNA 的定量测定

① 标准曲线制作

取 12 支干净干燥试管，按表 3-21 编号加入试剂（平行做两份），置沸水浴中加热 25min，取出冷却。以零号管作对照，于 670nm 波长处测定光吸收值。取两管平均值，以 RNA 浓度为横坐标，吸光值为纵坐标作图，绘制标准曲线。

表 3-21 RNA 标准曲线的制作

试剂	管号					
	0	1	2	3	4	5
标准 RNA 溶液/mL	0	0.4	0.8	1.2	1.6	2.0
蒸馏水/mL	2.0	1.6	1.2	0.8	0.4	0.0
地衣酚-Cu^{2+}/mL	2.0	2.0	2.0	2.0	2.0	2.0
A_{670}						

② 样品的测定

将 RNA 粗品放入 100mL 烧杯中，加 1mL 0.05mol/L NaOH 助溶，加 9mL 蒸馏水（原液），混匀后再取 1mL，加 9mL 蒸馏水，稀释 10 倍（稀释液）。

取 6 支试管，分别加入 2.0mL 蒸馏水、原液和稀释液，再各加 2.0mL 地衣酚-Cu^{2+} 试剂，如前述置沸水浴加热 25min，平行做两份。蒸馏水作为对照。

③ RNA 含量计算

根据测得的光吸收值，从标准曲线上查出相当该吸光值的 RNA 含量。按下式计算出制品中 RNA 的含量：

$$RNA\ 质量分数 = \frac{待测液中测得的\ RNA\ 质量浓度(\mu g/mL)}{待测液中制品的质量浓度(\mu g/mL)}$$

3. RNA 的定性颜色反应

取 4 支洁净试管，使用上述 RNA 稀释液，按表 3-22 加入以下试剂，观察颜色反应。

表 3-22 酵母核糖核酸的颜色反应

操作	管号			
	1	2	3	4
RNA 稀释液/mL	0	1	0	1
蒸馏水/mL	1	0	1	0
地衣酚试剂/mL	2	2	0	0
二苯胺试剂/mL	0	0	2	2
反应条件	在通风橱,沸水浴 10min			
颜色				

六、思考题

① RNA 和 DNA 的提取方法有什么本质区别？为什么？请比较 DNA 和 RNA 提取方法

的相同和不同之处。

② 一种核酸混合溶液，怎样测定其中 RNA 和 DNA 的含量？

转氨基作用

一、目的

① 学习转氨基作用的原理及方法。
② 掌握纸色谱的原理及操作技术。
③ 学习用纸色谱法鉴定转氨基产物。

二、原理

转氨基作用指一种 α-氨基酸的 α-氨基转移到一种 α-酮酸上的过程。转氨基作用是氨基酸脱氨基作用的一种途径。转氨基作用是由转氨酶催化的，转氨酶的种类很多，在动物的肝脏和心肌组织中，转氨基作用最活跃。本实验用纸色谱观察谷氨酸与丙酮酸在谷丙转氨酶（GPT）催化下的转氨基作用。

$$
\begin{array}{ccc}
\begin{array}{c}
COOH \\
| \\
CH_2 \\
| \\
CH_2 \\
| \\
CHNH_2 \\
| \\
COOH
\end{array}
+
\begin{array}{c}
CH_3 \\
| \\
C=O \\
| \\
COOH
\end{array}
& \underset{\text{谷丙转氨酶}}{\rightleftharpoons} &
\begin{array}{c}
COOH \\
| \\
CH_2 \\
| \\
CH_2 \\
| \\
C=O \\
| \\
COOH
\end{array}
+
\begin{array}{c}
CH_3 \\
| \\
CHNH_2 \\
| \\
COOH
\end{array}
\\
\text{谷氨酸} \quad \text{丙酮酸} & & \text{α-酮戊二酸} \quad \text{丙氨酸}
\end{array}
$$

转氨酶的测定方法有比色法和色谱法。本实验采用纸色谱的方法鉴定丙氨酸的存在，从而证明转氨基作用的产生。为了防止其他酶系对丙酮酸的氧化或还原作用，可加入碘乙酸来抑制糖的酵解或氧化作用。

三、实验器材

培养皿（10cm）；表面皿；定量滤纸；剪刀；镊子；玻璃漏斗；毛细管；解剖刀；玻璃匀浆器；试管；烧杯；胶帽滴管；分液漏斗；离心机；恒温水浴锅。

四、材料与试剂

① 家兔。
② 0.01mol/L（pH7.4）磷酸缓冲液 0.2mol/L 磷酸氢二钠 81mL 与 0.2mol/L 磷酸二氢钠 19mL 混匀，再用蒸馏水稀释至 2L。

③ 1％的谷氨酸溶液　称取 1g 谷氨酸用 0.01mol/L（pH7.4）的磷酸缓冲液溶解，用固体氢氧化钠调 pH 到 7.4 后。用磷酸缓冲液定容至 100mL。

④ 1％的丙酮酸溶液　取 1mL 丙酮酸加入少量 0.01mol/L（pH7.4）的磷酸缓冲液，用固体氢氧化钠调 pH 到 7.4 后，用磷酸缓冲液定容至 100mL。

⑤ 0.05％碘乙酸。

⑥ 15％三氯乙酸。

⑦ 丙氨酸标准溶液（1mg/mL）。

⑧ 谷氨酸标准溶液（1mg/mL）。

⑨ 水饱和酚　取 50g 苯酚（将固体酚置于 60℃水浴中加热溶化，量取 50mL）与 25mL 水，在分液漏斗中充分混匀，冷却至室温，于暗处放置过夜（7～10h），直到溶液明显地分为两层，收集下层清液放入棕色瓶中保存。

⑩ 显色剂　0.1％水合茚三酮正丁醇溶液。

五、操作方法

1. 转氨酶液的抽提

① 取家兔一只，用木棒猛击兔子头部将其打晕，用开水脱毛后，迅速解剖家兔取出肝脏冰浴。

② 称取兔肝 1.5g，用剪刀将其剪碎，将肝碎片放入匀浆器内，加入 3mL 预冷的 0.01mol/L 磷酸缓冲液匀浆 10min。

③ 将匀浆物转移到离心管中，在 3000r/min 下离心 10min，收集上清液，这就是酶的抽提液。

2. 酶促反应过程

① 取 2 支试管，分别编号 1（测定管）、2（对照管），向两管中各加入酶抽提液 10 滴，向管 2 中加入 10 滴 15％的三氯乙酸，混合后将管 2 放入沸水浴中煮 10min，冷却至室温。

② 向两管中加入 10 滴 1％的谷氨酸，10 滴 1％的丙酮酸，5 滴 0.05％的碘乙酸，充分振荡，使两管混合均匀。把两支试管放于 37℃水浴中保温 1.5h。

③ 保温后，分别向管 1 和管 2 中加入 10 滴 15％的三氯乙酸，混合均匀，室温下静置 5min。

④ 将管 1 和管 2 中的混合物转移到离心管中，3000r/min 离心 10min，取上清液用于色谱。

3. 色谱

① 取直径为 13cm 的圆形滤纸 1 张，过圆心用铅笔画两条相互垂直的线，以原点为中心、1.5cm 为半径，用圆规画一圆线作为基线，在线上四等分处标上四点作为点样原点。标号 1、2、3、4。

② 使用四根毛细管进行点样，把测定液和对照液分别点在原点的 1、3 处，把标准谷氨酸和标准丙氨酸液分别点在 2、4 处。每个样品点样的直径不超过 0.3cm，每个样品点 3 次，每次点样后，用吹风机吹干，再点第二次。在操作时注意不要让手接触到滤纸。

③ 在滤纸圆心处打一小孔，另取同类滤纸条下边剪成须状，卷成捻，如灯芯插入小孔，如图 3-12 所示。

④ 在一个表面皿内加入 2mL 水饱和酚，将上述制作好的滤纸放入一个直径 10cm 的培养皿中央（将纸灯芯浸入色谱液中），然后盖上一个同样大小的培养皿盖，进行色谱分离。

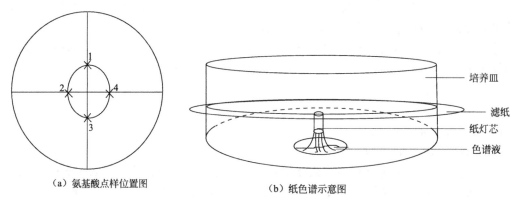

（a）氨基酸点样位置图   （b）纸色谱示意图

图 3-12   氨基酸色谱示意图

（可见溶剂沿纸灯芯上升到滤纸并向四周扩散。）当色谱液前沿扩展到距离滤纸边缘 3cm 处，用镊子取出滤纸，并小心取下纸灯芯，用吹风机吹干滤纸。

⑤ 将 0.1%茚三酮显色剂均匀地喷洒到滤纸上，将滤纸下边垫一张白纸，放于烘箱中 100℃ 烘烤 5min。

⑥ 取出滤纸，用铅笔轻轻描出每个斑点的位置，计算各个点样点对应的 R_f，比较样品和标准氨基酸的 R_f 并分析实验结果。

六、思考题

① 影响转氨基作用的因素有哪些？

② 酶促反应实验中为何要加碘乙酸？

第四章

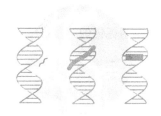

综合实验

実
验
一

SDS-聚丙烯酰胺凝胶电泳及蛋白质印迹

一、目的

掌握 SDS-聚丙烯酰胺凝胶电泳（SDS-PAGE）的工作原理和操作技术，学习应用蛋白质印迹（western blotting）技术分析经 SDS-PAGE 电泳分离后转移到硝酸纤维素薄膜上的蛋白质成分的方法。

二、原理

不同的蛋白质具有不同的分子量，并在一定的 pH 溶液中带有不同的电荷。经过阴离子去污剂十二烷基硫酸钠（SDS）处理后的蛋白质，分子表面完全被负电荷所覆盖，因此在电泳时，电泳迁移率仅取决于蛋白质的分子量大小而与其所带的电荷无关。

聚丙烯酰胺是由丙烯酰胺单体和交联剂亚甲基双丙烯酰胺在催化剂作用下，形成的三维网状结构物质。在不连续聚丙烯酰胺凝胶电泳中，凝胶的制作是分层进行的，因此凝胶不仅具有分子筛作用，还具有浓缩效应。由于不连续 pH 梯度作用，样品被压缩成一条狭窄区带，从而提高了分离效果。另外，采用考马斯亮蓝快速染色，可及时观察电泳结果，从而推算样品中蛋白质的分子量。

由于凝胶易碎，易扩散，很难对它们进行各种处理以检测出我们感兴趣的特异性谱带。因此，在上述实验的基础上，采用蛋白质印迹技术，把经凝胶电泳分离的分子区带转移并固定到一种特殊的载体上，使之形成经得起各种处理及容易和各自的特异性配体结合的稳定分子，以便进一步分析鉴定。

印迹技术一般由凝胶电泳、样品的印迹和固定、各种灵敏的检测手段如抗原抗体反应等三大实验部分组成。经 SDS-PAGE 分离的蛋白质样品，转移到固相载体（例如硝酸纤维素薄膜）上，固相载体以非共价键形式吸附蛋白质，能保证电泳分离的物质的类型及其生物学活性不变。以固相载体上的蛋白质或多肽作为抗原，与对应的抗体起免疫反应，再与酶或同位素标记的第二抗体起反应，经过底物显色或放射自显影即可检查待测物质的组分。

三、器材

垂直电泳装置（如图 4-1）；电转移装置；微量进样器；长短针头各一个；注射器；染色缸；镊子；乳胶手套；海绵块；滤纸；水平摇床；硝酸纤维素薄膜（NC 膜）；小塑料盒若干；移液管。

四、材料与试剂

1. SDS-PAGE 实验试剂

① 1.5mol/L 三羟甲基氨基甲烷-盐酸（Tris-HCl） 量取 3mol/L Tris 母液 50mL，用盐酸调节 pH 至 8.8，用重蒸水定容至 100mL（4℃存放）。

② 0.5mol/L Tris-HCl 量取 1mol/L Tris 溶液 50mL，用盐酸调节 pH 至 6.8，用重蒸水定容至 100mL（4℃存放）。

③ 10％十二烷基硫酸钠（SDS）（室温存放）。

④ 30％丙烯酰胺/N,N'-亚甲基双丙烯酰胺（Acr/Bis） 29.2g Acr、0.8g Bis，用重蒸水定容至 100mL，过滤备用（4℃存放）。

⑤ 10％过硫酸铵（Aps） 临用时配制。

⑥ 四甲基乙二胺（TEMED）。

⑦ 2×上样缓冲液 含有 0.5mol/L Tris-HCl（pH6.8）2mL、甘油 2mL、0.2kg/L SDS 2mL、0.1％溴酚蓝 0.5mL、2-β-巯基乙醇 1.0mL、重蒸水 2.5mL，室温存放备用。

⑧ 5×电泳缓冲液 含有三羟甲基氨基甲烷（Tris）7.5g、甘氨酸（Gly）36g、十二烷基硫酸钠（SDS）2.5g，用重蒸水溶解，定容至 500mL，使用时稀释 5 倍使用，4℃存放。

⑨ 染色液 0.2g 考马斯亮蓝 R-250、84mL 95％乙醇、20mL 冰醋酸，定容至 200mL，过滤备用。

⑩ 脱色液 医用酒精∶冰醋酸∶水＝4.5∶0.5∶5（体积比）。

⑪ 保存液 7％冰醋酸。

⑫ 封底胶 1％琼脂糖（用蒸馏水配制）。

⑬ 标准蛋白 细胞色素 c、胰凝乳蛋白酶原 A、胃蛋白酶、卵清蛋白、牛血清清蛋白。

⑭ 菌种 含外源表达基因的 *E.coli*。

⑮ LB 培养基（见第三章实验二十二）。

⑯ TM 培养基 含有细菌培养用胰蛋白胨 2g/L、细菌培养用酵母提取物 24g/L、NaCl 10g/L、甘油 6mL/L，用 1mol/L Tris 调 pH 至 7.4，定容至 1L，$1.034×10^5$Pa 高压蒸汽灭菌 20min。

⑰ 氨苄西林（Amp）。

⑱ 异丙基硫代-β-D-半乳糖（IPTG）。

2. 电转移试剂

① 印迹缓冲液（现用现配） 含有 25mmol/L Tris-HCl（pH8.3）、192mmol/L Gly、20％甲醇。配制方法为：6.05g Tris 先用少量重蒸水溶解，再定容至 1400mL，用盐酸调 pH 至 8.3，再加入 28.83g Gly、400mL 甲醇，用重蒸水定容至 2L。

② 10 倍 PBS 贮存液 含有 0.2mol/L K_2HPO_4-KH_2PO_4（pH7.45）、5mol/L NaCl。配制方法为：分别称取 34.8g K_2HPO_4、27.2g KH_2PO_4，用少量重蒸水溶解后，定容至

1000mL（两者分开配制），以其中一种为母液，用另一种调 pH 至 7.45，取 500mL 再加入 146.31g NaCl。稀释 10 倍使用。

③ 封闭液 含有 3%牛血清白蛋白的 PBS。

④ 漂洗液 含有 1%吐温（Tween-20）的 PBS。

3．特异性谱带检出试剂

① 非特异性蛋白染色试剂 称取 1g 丽春红放入烧杯中，加入适量 4%乙酸，搅拌溶解后，移入 100mL 容量瓶中，再用 4%乙酸定容至 100mL 备用。

② 特异性抗体检测试剂

A 稀释液：1 倍 PBS 缓冲液。

B 显色液：称取 4-氯萘酚 30mg，溶解在 12mL 甲醇中，然后加 PBS 到 50mL，最后加入 100μL 30% H_2O_2。

C 第一抗体：即 SDS-PAGE 所分离抗原的小鼠腹水多克隆抗体。

D 酶标二抗：辣根过氧化物酶标记的羊抗鼠 IgG（HRP-IgG）。

五、操作方法

（一）SDS-PAGE

1．菌体的获得

① 将含外源表达基因的 *E. coli* 在 LB（含 50μg /mL Amp）培养基中培养过夜。

② 上述培养液按（1/100）～（1/50）的比例接种到 100mL TM（含 50μg /mL Amp）培养基中，37℃、250r/min 培养 3h 左右。

③ 加入 50μL 1mol/L IPTG，终浓度达到 0.5mmol/L，37℃、250r/min 继续培养 4～5h，进行外源基因的诱导表达。

④ 4℃低温离心，4000r/min 20min，弃上清液，收获菌体，菌体放－20℃存放备用。

2．配制分离胶

如图 4-1，装好制胶板，用封底胶封底约 1cm。

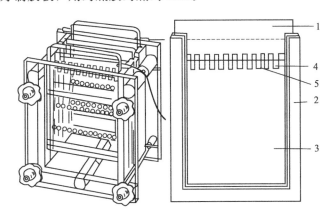

图 4-1 垂直电泳装置示意图

1—样品槽模板；2—硅橡胶带；3—玻璃片；4—梳板；5—点样槽

根据分离物的分子量选择适当浓度的分离胶并按表 4-1 配制。混匀后灌入两玻璃夹缝中，小心在胶面上加入 1cm 蒸馏水（在胶面上加入蒸馏水，称水封，其目的是保持胶面平整和防止空气进入，影响胶凝聚），自然凝聚约 40min，倾斜倒出蒸馏水，并在两玻璃板夹缝中插入 1.5mm 的梳子。

表 4-1　不同浓度的分离胶配制

凝胶浓度%	7.5	10	12	15	18	20
重蒸水/mL	9.6	7.9	6.6	4.6	2.6	1.4
1.5mol/L Tris·HCl(pH8.8)/mL	5	5	5	5	5	5
0.1kg/L SDS/μL	200	200	200	200	200	200
Acr/Bis(30%)/mL	5	6.7	8	10	12	13.2
TEMED/μL	10	10	10	10	10	10
10%Aps/μL	200	200	200	200	200	200
总体积/mL	20.01	20.01	20.01	20.01	20.01	20.01

3. 配制 5% 浓缩胶

按表 4-2 配制浓缩胶。将各种物质混匀后灌入夹缝中，并没过梳子，待凝固后小心拔出梳子，用 100μL 微量注射器抽取电极缓冲液，冲洗梳子拔出后的加样凹槽底部，清除未凝的丙烯酰胺。

表 4-2　5% 浓缩胶配制

重蒸水/mL	6.8
0.5mol/L Tris-HCl pH6.8/mL	1.25
0.1kg/L SDS/μL	100
Acr/Bis(30%)/mL	1.7
TEMED/μL	10
10%Aps/μL	100
总体积/mL	9.96

4. 样品的制备

经细胞破碎后的待测菌体样品和标准蛋白质分别与 2 倍上样缓冲液 1∶1 混匀，并在 100℃ 沸水浴中保温 3～5min，取出待用。

标准蛋白质（低分子量）内含有五种已知的不同分子量的蛋白质，其分子量如下表 4-3 所示。

表 4-3　标准蛋白质内含的五种蛋白质及其分子量

蛋白质名称	分子量
细胞色素 c	12500
胰凝乳蛋白酶原 A	25000
胃蛋白酶	35000
卵清蛋白	43000
牛血清清蛋白	67000

5. 电泳

将制备好的胶放入电泳槽中，并在槽中加入电极液，一孔加 10μL 标准蛋白，其余各孔加样品，接通电源，电压调至 120V，当样品进入分离胶时，调节电压使其恒定在 180V，当溴酚蓝移动到离底部约 0.5cm 时，切断电源，停止电泳，如图 4-2 所示。

将胶板从电泳槽中取出，小心从玻璃板上取下凝胶。弃去浓缩胶，保留分离胶。如果不做蛋白质印迹，则将分离胶用考马斯亮蓝染色液染色 2h，用脱色液脱色过夜后，换保存液保存胶。此时可得到待测样品的蛋白谱图并计算每个蛋白质成分的分子量。通常以相对迁移率 m_r 来表示，其计算方法如下：

用直尺分别量出样品区带中心及染料前沿与凝胶顶端的距离（图 4-2），按下式计算相对迁移率：

$$m_r = \frac{样品迁移距离（cm）}{染料迁移距离（cm）} = \frac{a}{b}$$

以标准蛋白质 m_r 的对数对相对迁移率作图得到标准曲线，根据待测样品的相对迁移率，从标准曲线上查出其 m_r。

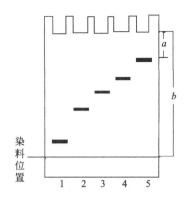

图 4-2　标准蛋白质在 SDS-凝胶上的
分离示意图

a—样品迁移距离；b—染料迁移距离；
1—细胞色素 c；2—胰凝乳蛋白酶原 A；
3—胃蛋白酶；4—卵清蛋白；
5—牛血清清蛋白

（二）凝胶印迹

① 戴乳胶手套，将硝酸纤维素纸裁成和印迹凝胶形状相似但略大些的小块。

② 将电泳后的凝胶块和硝酸纤维素纸分别放入装有印迹缓冲液的小塑料盒里漂洗 10min。

③ 将滤纸裁成比凝胶和硝酸纤维素纸略大的小块，并做成"三明治"状，如图 4-3 所示，放入转移夹中。

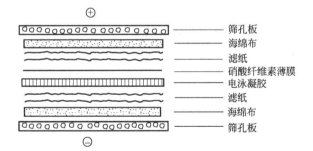

图 4-3　电转移时硝酸纤维素薄膜、凝胶、滤纸等夹心放置顺序示意图

④ 向印迹槽中倒入印迹缓冲液，将印迹夹放入，胶朝负极，NC 膜朝正极，印迹时电流从负极到正极，即能将胶上的蛋白质印迹到 NC 膜上。

⑤ 接通电源，使电流达 300mA，同时通冷凝水，印迹 2h 后，切断电源。

（三）特异性谱带的检出

1. 非特异性蛋白染色

为了检查蛋白质的转移效果，对转移后的硝酸纤维素膜可以用丽春红染色，该染料可短暂显红色，而在水中（或在 PBS 中）易于褪色，因此这种染色不影响后面抗原显色反应。

印迹完毕，用镊子小心取出 NC 膜，放置于塑料盒中。用丽春红染色 5min，观察转移效果，用水轻轻漂洗数次至背景红色消失。

2. 特异性抗体检测

① 用镊子小心取出 NC 膜，放置于塑料盒中，加入封闭液，室温振荡 3h 以上。

② 倒出封闭液（置 4℃冰箱中，可重复使用），加入用 PBS 稀释的第一抗体（按效价比例稀释的小鼠腹水多克隆抗体），在室温下振摇过夜或至少 3h。

③ 用漂洗液洗 3 次，每次 5min（摇）。

④ 加入用 PBS 稀释的酶标二抗（按商品要求稀释），在室温中不断振摇，孵育 30min。

⑤ 同步骤③，用漂洗液洗涤。

⑥ 用显色液（临用前加 H_2O_2）显色，到显色清晰时，用蒸馏水终止反应。

六、思考题

① 在凝胶印迹中，通过电转移将胶上的蛋白质印迹到 NC 膜上，为什么胶朝负极，NC 膜朝正极，使电流从负极到正极？

② 非特异性蛋白染色的目的是什么？

实验二 / # PCR 扩增目的基因片段

一、目的

通过本实验学习 PCR 反应的基本原理与实验技术。

二、原理

单链 DNA 在互补寡聚核苷酸片段的引导下，可以利用 DNA 聚合酶按 $5'→3'$ 方向复制出互补 DNA。此时单链 DNA 称为模板 DNA，寡聚核苷酸片段称为引物，合成的互补 DNA 称为产物 DNA。双链 DNA 分子经高温变性后成为两条单链 DNA，它们都可以作为单链模板 DNA，DNA 在相应引物引导下，以 DNA 聚合酶催化复制出产物 DNA。聚合酶链式反应（polymerase chain reaction，PCR）的原理类似于 DNA 的天然复制过程。在缓冲液中引物、DNA 合成底物 dNTPs 存在下，经变性、退火和延伸即可合成产物 DNA。经若干个这样的循环后，DNA 即可扩增 2^n 倍。具体过程如下：

① 变性　加热使模板 DNA 在高温下（94℃）变性，双链间的氢键断裂而形成两条单链。

② 退火　使溶液温度逐渐降至 50～60℃，模板 DNA 即可与引物按碱基配对原则互补结合。

③ 延伸　再将溶液反应温度升至 72℃，耐热 DNA 聚合酶以单链 DNA 为模板，在引物的引导下，利用反应混合物中的 4 种脱氧核苷酸（dNTP），按 $5'→3'$ 方向复制出互补 DNA。

上述 3 步为一个循环，每经过一个循环，样本中的 DNA 量即可增加一倍，新形成的链又可成为下一轮循环的模板，经过 25～30 个循环后，DNA 可扩增 $10^6 ～10^9$ 倍。

典型的 PCR 反应体系由如下组分组成：DNA 模板、反应缓冲液、dNTP、$MgCl_2$、两个合成的 DNA 引物、耐热 Taq 聚合酶。

三、器材

PCR 热循环仪；琼脂糖凝胶电泳系统；加样枪（另附枪头若干）。

四、材料与试剂

① DNA 模板　0.1μg/μL 人线粒体 DNA（从人胎盘中抽提纯化），使用前用 TE 缓冲液稀释 10 倍置冰浴中。

② 4 种脱氧核苷酸（dNTP）　4 种 dNTP，即 1mmol/L dATP、1mmol/L dCTP、1mmol/L dGTP、1mmol/L dTTP。

③ 50nmol/L 引物

引物 1（位于线粒体 3108～3127bp）5′-TTCAAATTCCTCCCTGTACG-3′、

引物 2（位于线粒体 3717～3701bp）5′-GGCTACTGCTCGCAGTG-3′。

④ 2.5U/μL Taq 聚合酶　如果市售浓度过高，可用酶稀释液进行稀释。

⑤ 酶稀释液　含有 50％甘油、50mmol/L NaCl、0.2g/L 明胶、0.1％Triton X-100。

⑥ DNA 分子量标准物。

⑦ 10×缓冲液　含有 500mmol/L KCl、100mmol/L Tris-HCl（pH9.0）、15mmol/L $MgCl_2$、1g/L 明胶、1％ Triton X-100。

⑧ 石蜡油。

⑨ DNA 琼脂糖凝胶电泳全部试剂，参见第三章实验二十。

五、操作方法

1. 取 0.5mL Eppendorf 管一个，用加样枪按以下顺序分别加入各种试剂：

反应物	体积/μL
10×PCR 缓冲液	10
4×dNTP	8
引物 1	1.0
引物 2	1.0
线粒体模板 DNA	5
Taq 聚合酶	1.0

加水至终体积 100μL。

2. 加入 100μL 石蜡油。

3. 于 94℃预变性 5min，使 DNA 完全变性。

4. 按下述程序进行扩增：

① 94℃变性 30s；

② 52℃退火 45s；

③ 72℃延伸 45s；

④ 重复步骤 ①～③ 25～35 次；

⑤ 72℃延伸 10min。

5. 反应完毕，将样品取出置于冰浴中待用。

6. 进行琼脂糖电泳分析 PCR 结果。

本实验 PCR 扩增的产物 DNA 片段长度为 609bp，适合于 1.5% 琼脂糖凝胶中进行电泳检测。具体操作方法见第三章实验二十。

六、思考题

① PCR 基因扩增的基本原理是什么？其基本反应步骤有哪些？
② 在反应体系中加入石蜡油的作用是什么？

实验三 / 质粒 DNA 的酶切及连接

一、目的

学会根据目的基因合理选择载体与限制性内切酶，并掌握 DNA 的连接与酶切技术。

二、原理

质粒 DNA 的酶切及连接技术又称基因重组或 DNA 克隆，是 20 世纪 70 年代分子生物学发展的一项重大成果，其主要目的是获得某一 DNA 片段的拷贝，从而深入分析基因结构、功能，并进一步改变细胞的遗传性状。通过在体外对 DNA 进行切割、合成，将目的基因用 DNA 连接酶连接在合适的载体上，形成重组 DNA。其基本步骤包括：目的 DNA 和载体 DNA 的制备，载体 DNA 和目的 DNA 的连接。

本实验采用的 pBR322 质粒是目前使用最广泛的松弛型质粒。其分子质量小（4.3kb），具有氨苄西林（Amp）和四环素（Tet）两个抗性标记和一些适用的限制性酶切位点。并已测定了其完整的核苷酸序列，而且其宿主细胞大肠埃希菌的遗传背景清楚，容易进行分析。

实验中所用的 pXZ6 质粒原是由 pSC101 质粒与 R100.1 质粒中的 5.4kb 的链霉素抗性基因片段构建成的。而 EcoRⅠ酶对 pXZ6 有两个酶切位点，即酶切后产生两个 DNA 片段：一个为 9.1kb 的含 Tet 抗性基因的片段，另一个是 5.4kb 的含有链霉素抗性基因的片段。而实验中所用的另一质粒 pBR322 的 EcoRⅠ限制性内切酶位点有一个，即酶切后产生一个 4.3kb 线性 DNA 片段。本实验的目的是用 EcoRⅠ酶同时酶切 pBR322 质粒与 pXZ6 质粒，并在 T$_4$ DNA 连接酶催化下，将所产生的互补黏性末端 DNA 分子连接起来。

三、实验器材

分析天平；真空干燥器；真空泵；微量进样器；低温高速离心机；冰箱；水平式电泳槽；电泳仪；紫外灯。

四、材料与试剂

① 质粒 pBR322（也可用第三章实验二十一提取的 pUC18 质粒为该实验的材料）。

② 纯化的 pXZ6 质粒。

③ $Hind$Ⅲ 酶切的标准 DNA 分子量标准品。

④ EcoRⅠ 限制性内切酶。

⑤ 10×限制性内切酶的酶切反应高盐缓冲液 含有 500mmol/L Tris-HCl（pH7.5）、1000mmol/L NaCl、100mmol/L $MgCl_2$、10mmol/L 二硫苏糖醇（DTT）。配制方法为：分别吸取 5mol/L NaCl 300μL、1mol/L Tris-HCL（pH7.5）750μL、1mol/L $MgCl_2$ 150μL、1mol/L 二硫苏糖醇（DTT）15μL，加重蒸水至总体积为 1.5mL。

⑥ 无菌水 将重蒸水灭菌后分装于几只灭过菌的 Eppendorf 管中，−20℃贮存备用。

⑥ T_4 DNA 连接酶。

⑦ 10×T_4 DNA 连接酶缓冲液 含有 660mmol/L Tris-HCl（pH7.5）、50mmol/L $MgCl_2$、50mmol/L 二硫苏糖醇（DTT）、10mmol/L ATP。配制方法为：分别吸取 1mol/L Tris-HCl（pH7.5）660μL、1mol/L $MgCl_2$ 50μL、1mol/L 二硫苏糖醇（DTT）50μL、100mmol/L ATP 50μL，加重蒸水至 1000μL，混匀后，置于−20℃备用。

⑧ 3mol/L KAc（pH5.2）。

⑨ 无水乙醇。

⑩ 70％乙醇。

⑪ TE 缓冲液 含有 10mmol/L Tris-HCl（pH8.0）、1mmol/L EDTA。

⑫ 琼脂糖凝胶电泳全部试剂，见第三章实验二十。

五、操作方法

1. 质粒 DNA 的制备

参见第三章实验二十一。

2. pBR322DNA 的 EcoRⅠ 酶切反应

① 在已编号的无菌 Eppendorf 管中，用微量进样器加入已灭菌的重蒸水 13μL、10×酶切高盐缓冲液 2μL、新制备的质粒 pBR322 4μL（1μg）、EcoRⅠ 限制性内切酶 1μL（5U），即得到了总体积为 20μL 的 pBR322 酶切反应液（操作在冰浴中进行）。

② 同样吸取已灭菌的重蒸水 22.5μL、10×酶切高盐缓冲液 3μL、pXZ6 2μL（1.5μg）、EcoRⅠ 限制性内切酶 1.5μL（5～10U），加入另一只已编号的无菌 Eppendorf 管中，得到了总体积为 30μL 的 pXZ6 酶切反应液（在冰浴中进行）。

③ 盖紧上述两支 Eppendorf 管的盖子，用振荡器振荡 2s，充分摇匀，于离心机内离心 2s，以集中样品。

④ 于 37℃水浴 1h 后，取上述两个样品的酶切反应液各 1μL，加 7μL TE 与 2μL 溴酚蓝点样缓冲液，按琼脂糖凝胶电泳法进行凝胶电泳，观察酶切反应，剩余的样品继续在 37℃水浴中酶切 1h。

⑤ 待电泳观察酶切反应完全后，向上述反应液加入 1/10 体积的 3mol/L KAc 溶液，再加入 2 倍体积的无水乙醇，于−20℃冰箱中放置 2h，12000r/min 4℃离心 15min，弃上清液，加 70％乙醇洗涤沉淀物，再离心，去上清液，真空干燥后，加入 5μL TE 缓冲液。

3. 连接反应

将酶切后的 2 个 DNA 片段混合于 1 管中，加入 T$_4$ DNA 连接酶缓冲液 $2\mu L$ ，最后加 T$_4$ DNA 连接酶 $2\mu L$ ，于 16℃保温 16h。

4. 琼脂糖电泳的鉴定

分别取 HindⅢ 酶切标准 DNA 分子量的样品及连接反应物，进行琼脂糖电泳鉴定，具体操作见第三章实验二十。观察反应物的分子量变化。

六、思考题

① 如何根据目的基因选择合适的载体和限制性内切酶？
② 为什么酶切反应的前两步要求在冰浴中进行？
③ 酶切反应结束后，在反应液中加入无水乙醇的作用是什么？

实验四 / # 重组 DNA 质粒的转化

一、目的

掌握大肠埃希菌感受态细胞的制备及转化的方法和技术，学习重组子的鉴定方法。

二、原理

转化是将异源 DNA 分子引入受体细胞，并在受体细胞内进行复制表达，从而使受体细胞获得新的遗传性状的过程。受体细胞经过一些特殊方法（如电击法，CaCl$_2$ 法等化学法）处理后，使细胞膜的通透性发生变化，成为易于接受外源 DNA 片段转入的感受态细胞。在一定条件下，将带有外源 DNA 的质粒与感受态细胞混合保温培养，使 DNA 分子进入受体细胞。进入细胞的外源 DNA 分子通过复制、表达使受体细胞出现新的遗传性状，通过在选择性培养基中培养，即可筛选出转化子。

本实验以 E.coli K 802 菌株为受体细胞，用 CaCl$_2$ 法处理细胞使其成为感受态细胞，然后与本章实验三获得的连接反应物共同保温，实现转化。如上实验所述，pBR322 质粒携带有抗氨苄西林（Amp）和抗四环素（Tet）的基因，pXZ6 质粒含 Tet 抗性基因片段和链霉素（Str）抗性基因片段。经过基因重组，重组质粒有可能同时获得抗链霉素和抗氨苄西林的特性。由于本实验所要筛选的阳性重组子是携带抗氨苄西林（Amp）和抗四环素（Tet）基因的 pBR322 4.3kb DNA 片段与含链霉素（Str）抗性基因片段的 pXZ6 5.4kb DNA 片段所连接的重组 DNA 分子，因此能在含链霉素和氨苄西林的双抗培养基上生长的菌，即可认为是阳性转化子。转化子可进一步进行纯化扩增，并抽提质粒 DNA 进行鉴定或重复转化。

三、器材

恒温摇床；培养皿、锥形瓶若干；恒温水浴锅；低温高速离心机；微量加样枪；恒温培养箱。

四、材料与试剂

① *E. coli* K 802。

② 连接反应物（可由本章实验三获得）。

③ LB 液体培养基（配方参见第三章实验二十一），在液体培养基中加入 2g/100mL 琼脂，即为固体培养基。

④ 氨苄西林（Amp） 用无菌水配制，母液浓度为 100mg/mL。

⑤ 链霉素（Str） 用无菌水配制，母液浓度为 50mg/mL。

⑥ 50mmol/L $CaCl_2$ 溶液 称取无水 $CaCl_2$ 2.8g，加重蒸水 500mL，灭菌待用。

五、操作方法

1. 大肠埃希菌感受态细胞的制备

① 从活化的 *E. coli* K 802 菌平板上挑取一单菌落，接种于 3～5mL LB 液体培养基中，37℃振荡培养过夜，取该菌悬液 0.5mL 转接于 50mL LB 液体培养基中，37℃振荡培养 2～3h（A_{600} 约在 0.2～0.4）。

② 将菌液转入离心管中，在冰上冷却 10min 后，于 0～4℃，4000r/min 离心 10min。

③ 弃去上清液，小心将细胞悬浮于冰冷的 10mL 的 50mmol/L $CaCl_2$ 溶液中，并于冰上放置 15～30min。

④ 0～4℃，4000r/min 离心 10min。

⑤ 弃去上清液，加入 2mL 冰冷的 50mmol/L $CaCl_2$ 溶液，小心悬浮细胞，置冰浴上，即制成了感受态细胞悬液，24h 内可直接用于转化实验，也可加入占总体积 15% 左右高压灭菌过的甘油，混合后分装于 Eppendorf 管中，置于 -70℃ 条件下，可保存半年到一年。

2. 转化反应

① 分别取 3 支灭菌并已编号的 Eppendorf 管，预冷 5min，将连接反应物于 65℃保温，使 T_4 DNA 连接酶失活。按表 4-4 所示，进行转化实验（感受态细胞悬液如是冷冻保存液，则需化冻后马上进行下面的操作），其中包括两组对照实验。

表 4-4 转化反应溶液配置

编号	无菌水/μL	50mmol/L $CaCl_2$/μL	感受态细胞/μL	重组质粒 DNA（连接反应物）/μL	总体积/μL
1 号（样品）	10	0	200	10	220
2 号（受体菌对照组）	10	0	100	0	110
3 号（重组 DNA 对照）	7	100	0	3	110

② 将以上各样品轻轻摇匀，冰上放置 30min 后，于 42℃水浴中保持 2min，然后迅速在冰上冷却 3～5min。

③ 上述各管中分别加入 900μL LB 液体培养基（培养液中不要加抗生素，以利于转化

表达）混匀，37℃水浴 1h，使受体菌恢复正常生长状态。

④ 分别取各管培养液涂布于含氨苄西林（Amp）的 LB 平板上，倒置于 37℃温箱中培养过夜。

3. 重组子鉴定

将在氨苄西林（Amp）平板上长出的菌落挑出，分别点接于含氨苄西林（Amp）和链霉素（Str）的双抗固体 LB 平板和只含氨苄西林（Amp）的 LB 平板上（平板上做好对应的记号），37℃温箱中培养过夜。

次日观察，既能在含 Amp 的平板上生长，又能在含双抗平板上生长的菌落，即为重组 DNA 菌株。

六、思考题

① 转化实验中，为什么要添加两个对照组？
② 如何鉴定重组子？还可采用什么方案进行鉴定？

实验五 / # 枯草芽孢杆菌碱性磷酸酶的制备及酶活力的测定

一、目的

① 掌握枯草芽孢杆菌碱性磷酸酶的制备方法。
② 学习离子交换纤维素柱色谱的工作原理及其操作技术。
③ 学习测定枯草芽孢杆菌碱性磷酸酶活力的方法。

二、原理

枯草芽孢杆菌在无机磷受限制的培养环境中能合成碱性磷酸酶，该酶主要存在于细胞质中。获取该酶首先必须培养细菌，再用高渗的镁离子溶液将该酶抽提到溶液中，然后经硫酸铵分级沉淀，最后用 DEAE-纤维素色谱纯化即可得到纯酶。

纤维素经过一定的化学处理后即可带上某些功能基团而进行离子交换，这种含有功能基团的纤维素称为离子交换纤维素，它的性能比一般离子交换树脂温和，适用于分离具有生物活性的大分子物质。用柱色谱进行分离可以将性质相近的大分子物质分开。常用的离子交换树脂有弱碱性阴离子交换剂 DEAE-纤维素（功能基为二乙氨基乙基），弱酸性阳离子交换剂 CM-纤维素（功能基为羧甲基）及强酸性阳离子交换剂磷酸-纤维素（功能基为磷酸基）。

碱性磷酸酶能在碱性条件下水解磷酸单酯键，放出无机磷酸。以硝基酚磷酸（NPP）为底物，通过碱性磷酸酶的作用，生成硝基酚和磷酸，测定 420nm 的吸光值，即可得到酶活力。

三、实验器材

试管及试管架；250mL 三角瓶；酸度计；高速冷冻离心机；恒温振荡器；分光光度计；恒温水浴；色谱柱；透析袋；磁力搅拌器；铁架台；分部收集器；电冰箱。

四、材料和试剂

① 斜面培养基　将 0.5％牛肉膏、1％蛋白胨、0.5％NaCl、2％琼脂加水溶解，调 pH 为 7.4，定容至 200mL，121℃灭菌 20min。

② 种子及发酵培养基（Tris 培养基）　将 0.4％葡萄糖、0.1％酪蛋白水解物、0.5％ NaCl、1％（NH_4）$_2SO_4$、0.1％KCl、0.1mmol/L $CaCl_2$、1mmol/L $MgCl_2$、20mmol/L Na_2HPO_4 溶解于 0.01mol/L 的 Tris-HCl 缓冲液中，调 pH 至 7.4，定容至 500mL，121℃ 灭菌 20min。

③ 1mol/L Tris-HCl 缓冲液（pH9.5）。

④ 0.01mol/L Tris-HCl 缓冲液（pH7.4）。

⑤ 含有 1mmol/L $MgCl_2$ 的 0.01mol/L pH7.4 Tris-HCl 缓冲液。

⑥ 40mmol/L 对硝基酚磷酸溶液（NPP 液）。

⑦ 含 0.3mol/L NaCl、1mmol/L $MgCl_2$ 的 0.01mol/L（pH7.4）Tris-HCl 缓冲液　将 0.3mol/L NaCl 溶于试剂⑤中。

⑧ DEAE-纤维素（DEAE-32）。

⑨ 奈氏（Nessler）试剂　称取 5g KI 溶于 5mL 水中，加入饱和 $HgCl_2$ 溶液（每 100mL 水中溶解 5.7g 氯化汞），不断搅拌，至产生的朱红色沉淀不再溶解时，加入 40mL 50％ NaOH 溶液，稀释至 100mL，静置过夜，取上清液。

⑩ 5％ 氯化钡。

五、操作方法

1. 枯草芽孢杆菌的培养

① 菌的活化　从保存于 4℃冰箱中的枯草芽孢杆菌斜面上挑取一环菌，接种于另一新鲜的斜面培养基中，于 37℃培养 18h。

② 种子培养　从活化后的斜面中挑取一环菌，接种于 25mL Tris 培养基中，于 37℃振荡培养 10h。

③ 发酵培养　按 5％接种量吸取 5mL 种子液，接入 100mL（500mL 三角瓶装）Tris 培养液中，剧烈振荡培养 10～14h。（由于碱性磷酸酶产生于对数生长期后期，因此在培养过程中要不断取样测定酶活力，直到酶活力保持稳定时，停止发酵。）

④ 培养完毕后，将培养液于 8000r/min 离心 5min 收集菌体。用预冷的 0.1mol/L Tris-HCl 缓冲液（pH7.4）洗涤菌体 3 次。

2. 碱性磷酸酶的分离

① 将收集的湿菌体悬浮在 18mL 0.1mol/L Tris-HCl 缓冲液（pH7.4）中，加入 2mL 1mol/L $MgCl_2$ 溶液，于 37℃振荡 30min 后，13000r/min 离心 10min，弃去沉淀物，上清液即为酶的粗提液。

② 取上述酶液（注意留样测酶活），在磁力搅拌器搅拌下，慢慢加入硫酸铵粉末，使其达 50％饱和度（313g/L，25℃），静置 30min，于 13000r/min 离心 20min，去除杂蛋白沉

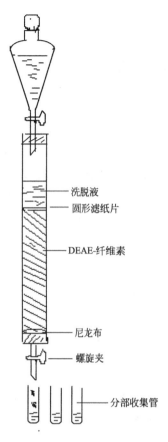

图 4-4　DEAE-纤维素离子
交换柱示意图

（图中标注：洗脱液、圆形滤纸片、DEAE-纤维素、尼龙布、螺旋夹、分部收集管）

淀。将上清液分成五部分。分别加入固体硫酸铵，使其达到 70％、75％、80％、85％ 和 90％ 的饱和度，充分混匀后，静置 30min 以上，分别于 13000r/min 离心 20min。收集各管沉淀并混合，用 1/50 体积的含 1mmol/L MgCl$_2$ 的 0.01mol/L Tris-HCl 缓冲液（pH7.4）溶解，将此酶液装入透析袋，再用含有 1mmol/L MgCl$_2$ 的 0.01mol/L Tris-HCl 缓冲液（pH7.4）透析 20～30h，每隔 5h 更换一次透析液，除去硫酸铵。直到用 5％ 氯化钡检查无 SO$_4^{2-}$ 或用奈氏试剂检查无 NH$_4^+$ 为止，最后再用缓冲液透析一次。

3. 碱性磷酸酶的纯化

① DEAE-纤维素的预处理　称取 DEAE-纤维素干粉 4g，在重蒸水中溶胀 4h 以上，悬浮除去小颗粒。加入 200mL 0.5mol/L HCl，室温搅拌 20min，用重蒸水洗至中性。再加入 200mL 0.5mol/L NaOH，室温搅拌 20min，用含 1mmol/L MgCl$_2$ 的 0.1mol/L Tris-HCl 缓冲液洗涤至 pH7.4。

② 色谱柱的安装　如图 4-4 所示，准备内径为 1.5cm，高 20cm 的双通玻璃管，两头配上橡皮塞，其中一个橡皮塞中央插入一根玻璃滴管，橡皮塞上盖一块圆形尼龙网片和一块绢布。玻璃滴管上接一根硅胶管，与分部收集器相连。

③ 装柱　向色谱柱内加入一些含 1mmol/L MgCl$_2$ 的 0.01mol/L 的 Tris-HCL（pH7.4）缓冲液以除去柱底的气泡，然后将经过预处理的 DEAE-纤维素装柱，再用缓冲液平衡，控制流速为 0.2mL/min。直至流出 pH 值为 7.4 的液体为止。将色谱柱放入冰箱中预冷。

④ 加样　使色谱柱内水面下降到刚接近 DEAE-纤维素表面，关闭下口，小心地用移液管将上述透析后的粗酶液加到纤维素表面，然后慢慢放松下口螺旋夹，使样品液面降至接近 DEAE-纤维素表面，再加入少量缓冲液，如此反复 2～3 次。开始进行梯度洗脱。

⑤ 梯度洗脱　先以含 50mL 1mmol/L MgCl$_2$ 的 0.01mol/L（pH7.4）Tris-HCl 缓冲液淋洗，流速控制在 0.5mL/min，直到流出液的 A_{280} 吸光值低于 0.1 后，依次换用含 0.2mol/L、0.3mol/L、0.4mol/L 氯化钠，1mmol/L MgCl$_2$ 的 0.01mol/L pH7.4 Tris-HCL 缓冲液洗脱，流速为 0.5mL/min。每 5mL 收集一管，于 280nm 处测定吸光值。以 A_{280} 为纵坐标，洗脱液体积为横坐标，绘出洗脱曲线。将洗脱的蛋白峰合并（留取 1mL 测定酶活），用饱和硫酸铵（约 900g/L）反透析，约 5～10h。透析液用冷冻离心机于 0℃ 13000r/min 离心 20min，收集沉淀，即为磷酸化酶的纯品。

4. 碱性磷酸酶活力的测定

取纯化液 0.5mL 于小试管中，加入 1mol/L Tris-HCl 缓冲液（pH9.5）1mL，混合后 30℃ 水浴预热 5min，然后加入 40mmol/L NPP 溶液 0.5mL，于 30℃ 恒温水浴反应 10min，分别测定反应前后在 420nm 下的吸光值。吸光值每变化 0.001 定义为酶的一个活力单位。即：

$$\text{酶活力（单位）}=(A_{420\text{反应后}}-A_{420\text{反应前}})\times1000$$

式中，$A_{420\text{反应后}}$ 为反应结束时测定的吸光度；$A_{420\text{反应前}}$ 为加入 NPP，反应开始时测定的吸光度。

六、思考题

① 为什么可以用 DEAE-纤维素离子交换色谱法提纯碱性磷酸酶？
② 本实验是采用何种方法测定碱性磷酸酶活力的？

实验六　鸡卵黏蛋白的制备及活力的测定

一、目的

① 掌握从鸡蛋清中提取鸡卵黏蛋白的方法。
② 了解凝胶色谱的工作原理，掌握其基本操作技术。
③ 掌握离子交换纤维素柱色谱的基本操作技术。
④ 学会测定鸡卵黏蛋白活力的方法。

二、原理

鸡卵黏蛋白是一种糖蛋白，存在于鸡蛋清中。它在中性或偏酸性溶液中对热及高浓度的脲、有机溶剂都有较高的耐受性，但在碱性溶液中不稳定。在 50％的丙酮或 10％三氯乙酸溶液中仍然有较好的溶解度。通常选择合适的 pH 值及适当浓度的丙酮或三氯乙酸，可以从鸡蛋清中除去非鸡卵黏蛋白，从而达到纯化鸡卵黏蛋白的目的。

含盐或其他小分子的蛋白质混合溶液，在经过凝胶色谱柱时，大分子蛋白质不能进入凝胶内部而沿颗粒间的空隙以较快的速度流过凝胶柱而最先流出柱外，但分子量较低的盐或其他小分子物质因为进入凝胶颗粒的微孔中，所以向下移动的速度较慢，而最后流出柱外。所以通过凝胶色谱可达到除去小分子物质（盐）的目的。

初步提取得到的鸡卵黏蛋白，经 DEAE-纤维素离子交换色谱柱进一步纯化，可除去少量的杂蛋白，得到鸡卵黏蛋白的纯溶液。最后通过高效液相色谱鉴定其纯度。

鸡卵黏蛋白的生物活力可通过测定鸡卵黏蛋白与胰蛋白酶作用后所剩余的胰蛋白酶活力而确定。因为鸡卵黏蛋白对牛和猪的胰蛋白酶有非常专一的抑制作用。一分子鸡卵黏蛋白分子能抑制一分子的胰蛋白酶。

本实验先将鸡蛋清用三氯乙酸-丙酮溶液处理，离心后去除沉淀物，然后由丙酮分级沉淀获得粗品，经 Sephadex G-25 凝胶色谱对卵蛋白提取液纯化，再经 DEAE-纤维素柱色谱精制得到合格产品。

三、实验器材

试管及试管架；烧杯；玻璃棒；酸度计；恒温水浴锅；温度计；电冰箱；漏斗；布氏漏斗；抽滤瓶；滤纸；冷冻离心机；透析袋；色谱柱（3.5cm×30cm）；紫外分光光度计；分部收集器；真空泵；真空干燥器。

四、材料和试剂

① 新鲜鸡蛋。

② 葡聚糖凝胶 Sephadex G-25（50～100 目）。

③ 丙酮。

④ 0.5mol/L 三氯乙酸（TCA）。

⑤ 0.02mol/L，pH6.4 磷酸缓冲液（参见附录）。

⑥ 1mol/L 氯化钠。

⑦ 盐酸。

⑧ DEAE-纤维素（DEAE-32）。

⑨ 0.5mol/L NaOH-0.5mol/L HCl（体积比＝1∶1）。

⑩ 标准胰蛋白酶溶液（100μg/mL）　称取 10mg 标准胰蛋白（预先经凯氏定氮法测定其含量），加入 0.01mol/L 盐酸使其溶解，定容至 100mL。

⑪ 2mol/L 盐酸。

⑫ 0.06% N-苯甲酰-DL-精氨酸-β-萘酰胺（BANA）　称取 BANA 60mg，溶解于 20mL 95%乙醇中，再用 pH7.8，0.2mol/L 磷酸缓冲液稀释至 100mL。

⑬ 0.1%亚硝酸钠　称取亚硝酸钠 100mg，加蒸馏水溶解后，用容量瓶定容至 100mL。

⑭ 0.5%氨基磺酸铵　称取氨基磺酸铵 500mg，加蒸馏水溶解后，用容量瓶定容至 100mL。

⑮ 1%AgNO_3。

⑯ 1mol/L 盐酸。

⑰ 预冷丙酮。

⑱ 含有 0.3mol/L NaCl 的 0.02mol/L 磷酸盐缓冲液（pH6.4）。

⑲ 0.056% N-1-萘基乙二胺双盐酸（NEDA）　称取 NEDA 10mg，加入无水乙醇使其溶解，再用蒸馏水定容至 100mL。

⑳ 0.2mol/L 磷酸缓冲液（pH7.8）。

五、操作方法

1. 鸡卵黏蛋白的抽提

① 取鸡蛋一只，在其底部轻磕一小洞，使蛋清沿小洞慢慢流下，将蛋清液收集到一烧杯中（注意不要使蛋黄混入）。取鸡蛋清 50mL，在 30℃ 水浴中，缓慢加入等体积的 0.5mol/L 三氯乙酸-丙酮溶液（三氯乙酸∶丙酮＝1∶2），边加边搅拌，约 30min 加完，最后溶液的 pH 值为 3.5，继续搅拌 30min，置于冰箱中静置 4h 以上。

② 2500r/min，4℃离心 20min，弃去沉淀，上清液再用滤纸过滤，以除去其中的脂类物质及其他不溶性物质。收集滤液并放入 500mL 烧杯中。

③ 检查滤液的 pH 值是否为 3.5，若相差大则应调回到 pH3.5，置冰箱或冰浴下冷却

片刻。

④ 在冰浴下缓慢加入 3 倍体积的冷丙酮，用玻璃棒轻轻搅匀，用塑料薄膜盖好，以减少丙酮的挥发。在冰浴中放置 2h。

⑤ 倾出部分上清液，其余全部转移至离心管中，3000r/min，4℃离心 15min。倾出上清液，将离心管底部的沉淀物放在真空干燥器内，抽气，除去残留丙酮，然后用 5mL 蒸馏水溶解。若溶解液浑浊，可用滤纸滤去不溶物，将溶解液用 Sephadex G-25 色谱柱脱盐或者透析除盐。

2. 凝胶色谱对鸡卵黏蛋白提取液的纯化

① 凝胶的预处理　为使样品通过凝胶时流速稳定并得到很好的分离效果，应该对凝胶进行预处理。称取 30g Sephadex G-25 凝胶，用 0.02mol/L 的磷酸缓冲液（pH6.5）500mL 热溶胀 2h 或者室温溶胀 24h。在凝胶溶胀时避免剧烈搅拌，以防凝胶交联结构的破坏。上柱前将处理好的凝胶于真空干燥器中抽气 20～30min。

② 柱的选择　色谱柱一般由玻璃管或有机玻璃管制成，色谱柱必须粗细均匀，为了防止分离时受管壁效应的影响，一般应选用内径大于 2.5cm 的柱子。柱高也要适当，一般用作脱盐时柱高不超过 50cm。本实验采用 3.5cm×30cm 的色谱柱。色谱柱的底部可放置少量的玻璃纤维或焊接一个砂芯滤板，其下再铺一层尼龙布以防止葡聚糖颗粒流出。

③ 装柱　装柱是凝胶色谱中最重要的环节，操作时必须将凝胶装得十分均匀，中间不要有气泡。首先必须将柱子垂直地安装好，再取 0.02mol/L 的磷酸缓冲液（pH6.5）40mL 倒进柱内，待流出 20～30mL 后关闭柱子下端的螺旋夹。然后将脱气后的凝胶用玻璃棒沿壁小心地缓缓倒进柱内，尽量一次装完，以免出现不均匀的凝胶带。凝胶沉降 4～5min 后打开螺旋夹，待凝胶沉降至床高 20cm 处，用吸管吸出过剩的凝胶。用 50～100mL 0.02mol/L 的磷酸缓冲液（pH6.5）冲洗凝胶柱，使柱床稳定，然后在凝胶表面放一片干净的滤纸，以防加样时凝胶被冲起。特别要注意在任何时候都不要使液面低于凝胶表面，否则凝胶变干，并有可能产生气泡，从而影响液体在柱内的流动。上样前要用上述缓冲液平衡凝胶柱，当流出液用紫外分光光度计测出的 280nm 吸光值小于 0.02 时，可停止平衡，开始上样。

④ 上样　为了获得较好的分离效果，上样量要小，最多不能超过床体积的 25%～40%。加样前，关闭柱下端的螺旋夹，用移液管慢慢地吸走凝胶上层的缓冲液，待到床面只留下薄薄一层液体时开始加样。用移液管吸取 5mL 鸡卵黏蛋白的粗提液，小心地加到凝胶床上，并取走盖在凝胶上的滤纸。打开柱下口的螺旋夹，当样品完全进入凝胶后，加少量的磷酸缓冲液润洗凝胶表面，待液体完全流进床内后，关闭螺旋夹，开始洗脱收集。

⑤ 洗脱　在贮液瓶中加入 0.02mol/L 的磷酸缓冲液（pH6.5），控制滴加速度，保证凝胶上方液面高度为 10cm。用下口螺旋夹调节流速为 0.2～0.5mL/min，打开分部收集器每 10min 收集一管（3mL/管），用紫外分光光度计测定各管收集液的 A_{280} 值，以管号为横坐标，A 值为纵坐标绘出洗脱曲线，并收集洗脱曲线中的蛋白峰溶液。

⑥ 将收集的蛋白峰液体放置冰箱，准备进一步用 DEAE-纤维素柱色谱纯化。

3. 鸡卵黏蛋白的精制

① DEAE-纤维素的处理　称取 DEAE-纤维素 10g，以 150mL 0.5mol/L NaOH-0.5mol/L NaCl 溶液浸泡 20min 后转移到布氏漏斗（内垫 200 目的尼龙网）中抽滤，并用蒸馏水洗至中性，抽去水分，移至烧杯中。再用 150mL 0.5mol/L HCl 浸泡 20min，然后移至布氏漏斗中抽滤并以蒸馏水洗至中性（大约 pH6.0）。最后倒在烧杯中，用 150mL 0.02mol/L pH6.5 的磷酸缓冲液浸泡片刻，于真空干燥器中脱气、装柱，以同一缓冲液

平衡。

② 上样　取经上述纯化后的鸡卵黏蛋白粗品上样，上样后以 0.02mol/L 磷酸缓冲液（pH6.5）淋洗，去除杂蛋白，并检测收集液在紫外分光光度计下的 A_{280} 小于 0.02 时即可洗脱。

③ 洗脱　改用含 0.3mol/L NaCl 的 0.02mol/L 磷酸缓冲液（pH6.5）洗脱。控制流速为 0.2mL/min，打开分部收集器，每 10min 收集一管（2mL/管）。将各管收集液在 280nm 下测定吸光值并绘制洗脱曲线，收集洗脱曲线中的蛋白峰溶液。

④ 透析除盐　将收集的蛋白质溶液放入透析袋内，进行透析。间隔一段时间更换一次蒸馏水。直到用 1%AgNO₃ 检查无氯离子时，停止透析。

⑤ 丙酮沉淀　将透析好的鸡卵黏蛋白液用 1mol/L HCl 调节 pH 至 4.0，除留出少量样品作测定鸡卵黏蛋白含量外，其余透析液中加入 3 倍体积的预冷丙酮，盖上塑料薄膜，在冰浴里静置 4h，待鸡卵黏蛋白全部析出。

⑥ 离心　倾出上清液，然后将沉淀物装在 50mL 离心管中 3000r/mim 离心 15min。离心完毕，弃去上清液，将沉淀物干燥，得到的透明胶状物为鸡卵黏蛋白。

4. 鸡卵黏蛋白含量的测定

将待测样品用缓冲液稀释 5～10 倍，以缓冲液为参比，测定 A_{280} 值，按以下公式计算：

$$鸡卵黏蛋白含量(mg/mL)=A_{280}\times\frac{1}{0.413}\times N$$

式中，0.413 是当蛋白质浓度为 1mg/mL 时，其消光系数为 0.413；N 为稀释倍数。

5. 生物活力的测定

① 取三支试管按表 4-5 加入试剂进行操作。

表 4-5　胰蛋白酶活力测定

试剂	试管 1	试管 2	试管 3
蒸馏水/mL	0.5	0.25	—
鸡卵黏蛋白/mL	—	—	0.25
胰蛋白酶/mL		0.25	0.25
各管 37℃保温 3min			
BANA 溶液(37℃)/mL	0.5	0.5	0.5
各管反应 4min			
2mol/L HCl/mL	0.5	0.5	0.5
0.1%亚硝酸钠/mL	1	1	1
隔 3min 后			
0.5%氨基磺酸铵/mL	1	1	1
隔 3min 后			
NEDA/mL	2	2	2

注：1. 以上各试剂加入后均要充分混匀，再加下一试剂。

2. NEDA 加入后，摇匀，溶液慢慢变成蓝色，需要显色 30min，颜色方能稳定，然后于 580nm 波长下进行比色测定。

② 鸡卵黏蛋白生物活力的计算：

$$抑制活力 P=(P_1-P_2)\times N$$

式中，P_1 为标准胰蛋白酶活力，U/mL；P_2 为胰蛋白酶被鸡卵黏蛋白作用后的剩余活力，U/mL；N 为鸡卵黏蛋白的稀释倍数。

胰蛋白酶活力单位的定义：在上述测定条件下，每分钟使光密度增加 0.01 为一个活力单位。

胰蛋白酶活力单位的计算：

$$P_{酶活力} = \frac{A}{0.01 \times 4 \times 0.25} \times N_1$$

式中，N_1 为酶溶液的稀释倍数；A 为反应 4min 后的 A 值。

六、思考题

① 利用凝胶色谱法分离混合样品时，怎样才能得到较好的分离效果？

② 通过本实验，思考酶活力测定对于酶的分离提纯有何意义？

③ 本实验是用何种方法测定酶活力的？

附　　录

一、实验室规则和安全防护

（一）实验室规则

在生物化学实验室中，由于经常接触具有腐蚀性、易燃烧的化学药品，经常使用易破碎的玻璃器皿和高温热电设备等，必须十分重视安全工作。

1. 进入实验室开始工作前，须熟悉实验室及周围环境，如水阀、电闸、灭火器和安全通道的位置，并需要熟练使用灭火器。在离开实验室时，须关闭水、电、门窗和仪器开关。

2. 学生在课前必须认真预习实验指导，了解每次实验的目的、原理和操作步骤，做到心中有数。同时要求课前写好预习报告，并在每次上课前放在实验台上以备教师查验。

3. 进入实验室时必须穿整洁的实验服，必要时戴护目镜、手套和口罩，保证束起长发，腿部及脚部皮肤包裹严实。严禁穿拖鞋进入实验室；严禁佩戴长项链、戒指、手镯、手链等，以防溅出的化学试剂附着以及腐蚀。书包、外套等物品放到指定地点，实验台面随时保持整洁。不得无故缺席、迟到或早退。

4. 学生在实验室内必须服从实验指导教师和实验室工作人员安排，熟知所使用的试剂、设施和设备具有的潜在危险。未经允许，不得擅自使用仪器设备；化学试剂不得入口，不得大声喧哗、打闹、抽烟、饮食；实验结束后要仔细洗手。

5. 在教师讲解实验内容时，认真听讲，不交头接耳相互讨论，不走动，不摆弄仪器，自觉遵守课堂纪律。

6. 做实验时，应打开门窗或换气设备，保持室内空气流通。在做易产生严重异味、易污染环境的实验时，应戴口罩并在通风橱内进行。

7. 实验前清点好仪器用具与试剂，各组的实验器具不得随意借用、混用。使用试剂时，应仔细辨认试剂标签，看清名称，切勿用错。使用公用试剂时，不要直接用移液管吸取，应将试剂倒入干净试管中分装再取用，以防污染公用试剂。用完试剂后，应立即盖好瓶塞放回原处，注意不要将瓶塞盖错。使用仪器、试剂和各种其他物品时需注意节约。

8. 实验中严格遵守操作规程进行实验，细心观察实验现象，如实记录实验结果。不得脱岗，要密切注意实验的进展情况。仪器设备发生故障应立刻通知指导教师，不要擅自处理。

9. 实验中使用过的酸、碱、有毒有害及有色试剂，应专门收集，倒入废液桶中，切勿直接倒入水池内。废纸、火柴等固体废物，应倒入废物桶内。实验过程中损坏仪器用具应及时到指导教师处登记，然后补领。破损的玻璃仪器应放到红色回收桶，不可视同一般垃圾丢弃，以免造成清洁员受伤。玻璃吸管、注射器等锐器，使用后放入锐器收纳盒。

10. 实验完毕，应清洗当天所用的器具，将仪器关闭，药品摆放整齐，整理实验台面。每次实验由指导教师安排学生轮流值日，值日生负责当天的卫生、安全和服务性工作，指导老师检查同意后方可离开。

11. 实验后，应认真整理实验数据，撰写实验报告。实验报告要求统一格式，统一用纸。由课代表收齐，在下次实验前交给指导教师。

（二）安全防护

1. 实验室急救

① 熟悉紧急喷淋器、洗眼器和急救箱的位置并确保能够熟练使用。

② 玻璃割伤　伤口较小，且出血量少时，可检查伤口内有无玻璃碎片，以流动清水清洗伤口，用创可贴包扎，必要时擦碘酒用纱布包扎；若伤口较大或较深，大量出血，应迅速在伤口上下部扎紧血管止血，立即到医院就医。

③ 烫伤　轻微的烫伤，可以冷水冲洗至散热止痛，涂烫伤膏；若皮肤起泡，不要弄破水泡，以防感染；若伤处皮肤呈棕色或黑色，应用无菌纱布轻轻包扎好，立即就医。

④ 试剂灼伤　若浓酸浓碱滴溅到皮肤上，应先擦干，再用大量清水冲洗，浓酸灼伤涂上 5% 碳酸氢钠溶液，浓碱灼伤涂上适量硼酸溶液。若稀酸稀碱滴溅到皮肤上，直接用大量清水冲洗，情况严重时及时就医。

⑤ 使用强酸强碱时，须戴护目镜，以防液体飞溅入眼。若有试剂飞溅入眼内，应立即用洗眼器冲洗眼睛，情况严重者及时就医。

2. 用电安全及防护

① 使用电器时，谨防触电。不要在通电时用湿手接触电器或插座。实验完毕，应将电器的电源切断。

② 电线、电器不要被水淋湿或浸在导电液体中，以防短路。

③ 实验时，应先连接好电路后才接通电源。实验结束时，先切断电源再拆线路。

④ 室内若有易燃易爆气体，应避免产生电火花。继电器工作和开关电闸时，易产生电火花，要特别小心。电器接触点（如电插头）接触不良时，应及时修理或更换。

⑤ 在仪器使用过程中，如发现有不正常声响，局部升温或嗅到绝缘漆过热产生的焦味，应立即切断电源。

⑥ 如遇电线起火，立即切断电源，用二氧化碳灭火器灭火，禁止用水或泡沫灭火器等导电液体灭火。

3. 防火安全

实验中一旦发生火灾切不可惊慌，应保持镇静，首先切断电源，然后根据具体情况正确灭火。

① 酒精灯着火时，可用湿布拍打覆盖灭火。不能用水，以防火焰随水流扩散。

② 有灼烧的金属或熔融物的地方着火时，应用干粉灭火器。

③ 电器设备或带电系统着火，可用二氧化碳灭火器。

④ 衣物被烧着时切忌奔走，可躺在地上滚动灭火。

⑤ 较大着火事故立即报警（119），从安全通道有序疏散。

4. 化学废弃物处理

① 实验所产生的化学废液应按有机、无机和易制毒等分类收集存放并做好标记，严禁倒入下水道。送到学院指定回收点。

② 碎玻璃、注射器等锐器用纸箱盛放，胶带纸绑好后送到指定地点。

③ 核酸实验常用 EB 染色，具有致癌性，注意戴手套操作，废弃凝胶放入黄色医疗垃圾桶。

二、常用仪器的使用

（一）称量仪器

1. 台秤

台秤又叫架盘天平，是一种粗略称量的仪器。由托盘、指针、游码、标尺、分度盘和平衡螺母组成。生化实验常用的有 100g（感量 0.1g）、200g（感量 0.2g）、500g（感量 0.5g）和 1000g（感量 1g）四种台秤。其使用方法如下：

① 使用台秤前，应根据所称物品的重量选择合适的台秤。

② 将游码移至标尺"0"处，调节横梁上的螺母，使指针停止在刻度的中央或使其左右摆动的格数相等。将称量用纸（硫酸纸）或玻璃器皿（易吸潮的药品称重时必须放在带盖的器皿中）放在左盘上，砝码放在右盘上。

③ 必须用镊子夹取砝码，加砝码的顺序由大到小，最后移动游码。

④ 称量完毕，将游码重新移至"0"处，清洁托盘，将砝码放回原处。

2. 电子分析天平

分析天平是指称量精度为 0.0001g 的天平。电子分析天平是最新一代的天平，它是利用电子装置完成电磁力补偿的调节，使物体在重力场中实现力的平衡，或通过电磁力矩的调节，使物体在重力场中实现力矩的平衡。它的支撑点采取弹簧片代替机械天平的玛瑙刀口，用差动变压器取代升降枢装置，用数字显示代替指针刻度，可全量程不用砝码，直接称量。被放上待测物质后，可在几秒钟内达到平衡，显示读数。因此，电子天平具有使用寿命长、性能稳定、灵敏度高、体积小、操作方便等优点，在教学、科研、生产中广泛使用。

（1）使用电子分析天平的规则

① 使用天平前首先检查称量盘是否干净，如果上面沾有药品应立即用毛刷刷去，并用洁净的手帕蘸少量的酒精将称量盘擦洗干净。

② 观察仪器水平仪的气泡是否处于中央，如不在中央，调节仪器底部的两个垫脚，直到水平仪的气泡居中为止。

③ 插上电源，轻按"ON"键，天平进行自检，显示屏最后显示"0.0000g"，如有读数重新回零。

④ 推开天平侧门，将称量纸或称量器皿置于称量盘中央，显示出容器质量。

⑤ 轻按清零、去皮键"TAR"，随即出现"0.0000g"状态，即容器质量显示值已去皮重。

⑥ 将药品置于去过皮重的容器中，这时显示值即为被称物的质量值。

⑦ 称量完毕，取下称量器皿，关闭电源开关。

⑧ 将天平室清扫干净，盖上防尘布，方可离去。

（2）使用电子分析天平的注意事项

① 将天平置于稳定的工作台上，避免振动、潮湿气流流动及阳光照射。

② 被称量物的温度应与室温相同，不能称量过热或易挥发的药品。

③ 电子天平在初次接通电源或长时间断电开机时，至少需要 30min 的预热时间。

④ 称量固体药品时，应使用硫酸纸称量。称量易吸潮、易挥发和具有腐蚀性的物品时，要盛放在密闭的容器中，以免腐蚀和损坏电子天平。

⑤ 天平在读数时必须关闭所有侧门，在取放药品及开、关侧门时动作要轻，不可过分用力。

⑥ 天平不可过载使用，以免损坏天平。经常对电子天平进行自校或定期外校，保证其处于最佳状态。

（二）可调取样器

可调取样器（pipette）（移液器）是利用活塞并通过弹簧的伸缩运动来实现吸液和放液的一种器具。在活塞推动下，排除部分空气，然后在大气压的作用下吸入液体，再由活塞推动空气排出液体。移液器取样精确，使用方便，被广泛应用于化学、生物、医学等领域。移液器由连续可调机械部分和可更换的吸头组成，其取液量是由手柄上的读数窗口显示出来的。一般的移液器容量有 $10\mu L$、$20\mu L$、$100\mu L$、$200\mu L$、$1000\mu L$、$5000\mu L$ 6 种规格。每种移液器手柄上的读数窗口有 3 个格，$10\mu L$、$20\mu L$ 规格的最低位为小数，$100\mu L$、$200\mu L$ 规格的最低位为个位，$1000\mu L$、$5000\mu L$ 规格的最低位为十位。

1. 使用方法

① 移液前，要保证移液器、枪头和液体处于相同温度。将移液器吸头套在吸杆上，稍微用力左右轻轻转动即可上紧，可用手辅助套牢，避免吸杆与吸头间产生间隙，影响准确度。

② 根据移液量旋转手轮，调到所需的容积。一般从大量程调节至小量程为正常调节方法，逆时针旋转刻度即可；从小量程调节至大量程时，应先调至超过设定体积刻度，再回调至设定体积，这样可以保证移液器的精确度。

③ 吸液前，应使枪头先在液体中吸排 2~3 次，以使吸头内壁形成一道同质液膜，确保移液的精度和准度，以防有较大误差。然后轻轻地按下推动按钮，使推动按钮按至第一挡。

④ 将移液器的吸头垂直浸入待取溶液中 2~4mm，停留 1~2s 后缓慢放松按钮，将吸头移出液面。如果吸头表面有残留液体可用滤纸轻轻擦去。

⑤ 将吸头垂直贴在排液容器的内壁上，慢慢按压推动按钮至第一挡，停留 1~2s 后，按压至第二挡排尽液体。松开按钮，移出容器。

⑥ 按压卸头按钮或用手拔，卸下吸头。

⑦ 使用完毕后，一定要将移液器调回最大量程，否则容易使移液器弹簧长期受力，缩短移液器的使用寿命。

2. 使用注意事项

① 看准移液器的最大量程，根据取液量的不同选择合适的移液器。

② 旋转手轮时，千万不要拧过头，超过移液器的容量范围。

③ 在将吸头套上移液器时，不要用力过猛，更不要使劲在吸头盒子上敲，否则会导致移液器的内部配件（如弹簧）因敲击产生的瞬时撞击力而变得松散，甚至会导致刻度调节旋钮卡住。

④ 移液器排完液后严禁倒置、平放，应立即将吸头卸掉，以免溶液流入内腔，损坏仪器。

⑤ 移液器严禁吸取有强挥发性、强腐蚀性的液体（如浓酸、浓碱、有机物等）。

⑥ 移液器的任何部分切勿用火烧烤，也不能吸取温度高于 70℃ 的溶液，避免蒸汽侵入腐蚀活塞。

（三）分光光度计

分光光度分析法广泛用于生物化学研究中，由于许多生化物质在紫外和可见光区域有特殊的光吸收，因此可用分光光度法测量这些物质的含量。分光光度计一般由五个主要部分组成，即光源、单色器、样品池、检测器、显示器。

1. 组成

① 光源   良好的光源应具备发光度强、表面积小、光谱范围宽、输出稳定及使用寿命长等优点。大部分分光光度计都有两种光源。在紫外光区域工作，用高压氢灯或氙灯可发出200～360nm 的光，在可见光区工作时，则用低压卤钨灯可给出 340～900nm 的光。

② 单色器   分光光度计使用时需要测定给定波长下的光吸收，因此多数分光光度计都装有单色器（波长调节器）。单色器是使多波长的光源产生平行单色光束的装置。它主要由棱镜和光栅组合在一起。多色光通过棱镜后将发生散射，如果按照特定方向旋转棱镜，就可使光源中一束特殊的光通过单色器的出射狭缝照射到样品上，而其他范围的光则照射到单色器不反光的内壁而消失。优质的单色器应具有对透射光吸收量少，波长选择性能好和光谱纯度高等优点。

③ 样品池（比色皿）   比色皿是用来盛待测溶液的一种容器，按材料它可分为两种，一种是用普通玻璃制成的，一种是用质地均匀的石英玻璃或熔凝硅制成的。在可见光范围内，用玻璃比色皿，在紫外光下测定时应选用石英比色皿。如待测溶液为腐蚀性、易挥发、易氧化变性的溶剂，则必须选用带盖的比色皿。

④ 光电检测器   光电检测器是由光电池或光电管组成的，光电池能将照射其上的光能转变为电能。许多光敏物质受光照射能产生光电流，这种现象称为光电效应。光电池最常用的是硒光电池。硒的导电性差、电阻极大，当受到光照射时，电阻降低，电流增大，其产生的光电流强度与照射光强度成正比。硒光电池对 400～650nm 之间的光敏感，所以光电池仅用于可见光范围。紫外分光光度计通常装有两个光电管作为光敏元件。

⑤ 读数表盘   分光光度计中的读数指示器称为微电流检测计。其灵敏度很高，在读数表盘上直接标出透光率。

2. 使用方法

分光度计的使用说明（以 721 型为例）

① 接通电源，打开样品池盖，使电表指针处于零位，预热 20min 以上，方可使用。

② 转动波长调节器调到所需的波长。

③ 将样品池盖打开，选 4 个比色皿，向其中一个比色皿内装入空白液，另三个比色皿放入待测样品液（样品液量以比色皿高度的 2/3 为宜），将比色皿放入样品池内，盖好盖，此时空白溶液应在光路上。

④ 调节 100％电位器使空白样品的透光度达到"100"。打开盖子调节"零"位调节器，使开盖时透光度为"0"，按上述方法连续操作几次，调整 0 和 100％电位器，使透光率分别达到 0 位、100 位，且数值稳定。

⑤ 轻轻移动样品控制杆，使待测溶液分别进入光路并记录所测光度值，一般重复 2～3次，取其平均值为测定值。

⑥ 测量完毕，将比色皿用蒸馏水洗净，特别脏的比色皿应放于 5％的硝酸中浸泡，然后用蒸馏水洗干净。将洗净的比色皿倒置于铺有滤纸的培养皿中晾干备用。样品室用软布擦拭干净。

⑦ 把仪器旋钮复原，关闭开关，拔下插头，并用布罩罩好仪器。

722 型分光光度计是在 721 型分光光度计的基础上产生的，其特点是用液晶板直接显示透光度、吸光度直至浓度值。722 型分光光度计采用光栅作单色器，其使用方法与 721 型基本相同。

3. 注意事项

① 仪器连续使用不应超过 2h，每次使用前后需要间隔 30min 以上。

② 每台仪器都配有固定规格的比色皿，测量时使用的比色皿要一致。每套比色皿不得随意更换。

③ 比色皿由两个面组成，即透光面和毛玻璃面，在使用时要将透光面对准光路。

④ 在测定过程中，勿用手触摸比色皿透光面，且比色皿透光面不可用滤纸、纱布或毛刷清洁擦拭，只能用镜头纸轻轻擦拭。

⑤ 脏的比色皿须浸泡在肥皂水中，然后用自来水和蒸馏水冲洗干净，使用前用待测溶液润洗数次，方可使用。

⑥ 盛待测液时，必须达到比色皿的 2/3 左右，不宜过多，若不慎使溶液溢出，必须先用滤纸吸干，再用镜头纸擦净。

⑦ 分光光度计的吸光值在 0.2～0.7（透光率为 20％～60％）时准确度最高，如未知样品的读数不在此范围时，应将样品适当稀释。吸光值低于 0.1 或超出 1.0 时误差较大。

⑧ 每次测试完毕或更换样品液时，必须打开样品室的盖板，以防止光照过久，使光电池疲劳。

⑨ 在仪器尚未接通电源时，电表的指针必须处于"0"刻度上，否则可用电表上的校正螺丝调节。

⑩ 分光光度计应放置在平稳仪器台上，不能随意搬动，严防振动、潮湿、光照。

⑪ 分光光度计内的干燥剂（内装变色硅胶）应定期检查，如发现硅胶变色应立即更换，以防止单色器受潮，读数不稳定。

⑫ 放大器灵敏度选择是根据不同的单色光波长光能量不一致时分别选用的，一般为 5 挡，1 挡灵敏度最低。选用原则是保证能使空白挡调到"100"的情况下，尽可能采用灵敏度较低的挡。

⑬ 测样时，如操作不慎将样品溅入样品池，立刻用滤纸吸干，必要时用吹风机吹干。测试完毕一定要将比色皿从样品池中取出，决不可将样品遗留在样品池内过夜。

（四）离心机

离心机是利用离心力对混合溶液进行分离和沉淀的一种专用仪器，利用离心机可使混合溶液中的悬浮颗粒快速沉淀，借以分离密度不同的各种物质。

电动离心机通常可分为：普通离心机（转速一般为 4000r/min）、高速离心机（转速为 20000r/min）和超速离心机（转速可达 70000r/min）。

1. 普通离心机的使用

① 使用前检查离心机各旋钮是否在规定的位置上，即电源在关的位置上，速度按钮应在零位。

② 离心前先将待离心的物质转移到大小合适的离心管内，盛量不宜过多，以免溢出（一般以离心管体积的 2/3 为宜）。将此离心管放入外套管，再在离心管与外套管间加缓冲用水。

③ 将上述盛有液体的离心管，连同套管放在台秤上平衡，如不平衡可调整离心管内液体或缓冲液的量，使之达到平衡。离心机中两两相对的离心管一定要达到平衡，否则将会损坏离心机部件，甚至造成严重事故。

④ 将平衡好的离心管，对称地放入离心机中，盖严离心机机盖。

⑤ 开动离心机时，先打开电源开关，然后慢慢拨动速度旋钮，使速度逐渐增加，直到

增加到所需转速，同时调节定时旋钮，设定离心时间。

⑥ 当达到离心时间后，关闭启动开关，再调节速度旋钮，进行减挡降速，最后将旋钮拨到"0"，待离心机自动停止后，打开离心机盖，取出样品。

⑦ 用完后，将套管中的橡皮垫洗净并冲洗外套管和离心管，倒立放置使其干燥。

2. 高速离心机的使用

高速离心机与上述普通离心机的使用方法相似，不同的是由于其转速高，使用的转头为角转头，所以离心管单独在外平衡后，直接两两对称地插入转头中并扭紧转头盖再开始离心。另外，如果转头为可拆卸式的，每次要确认转头是否扭好，再开始下面的操作。

3. 注意事项

① 离心机启动要慢。若启动快，不仅可能烧掉线包，而且可能造成离心管内液体飞溅、离心管破裂等现象。停止离心时同样要慢慢减挡降速，最后将旋钮拨到"0"，待离心机自动停止后，方能打开离心机盖取出样品。

② 离心过程中，若听到异常响声，表明可能出现离心管破碎或离心管不平衡等情况，应立即停止离心，检查原因。

③ 在离心机高速运转过程中切勿打开离心机盖，以防造成意外事故。

④ 避免离心机连续使用时间过长，一般使用 40min 应休息 20～30min。

⑤ 有机溶剂和酶等会腐蚀塑料套管，盐溶液会腐蚀金属套管。若有渗漏现象，必须及时擦洗干净漏出的溶液，并更换套管。

⑥ 离心机的碳刷应定期检查，如磨损严重应及时更换。

（五）干燥箱和恒温箱

干燥箱用于物品的干燥和干热灭菌，恒温箱用于微生物和生物材料的培养。这两种仪器的结构和使用方法相似，干燥箱的使用温度范围为 50～250℃，常用鼓风式电热箱以加速升温。恒温箱的最高工作温度为 60℃。

1. 使用方法

① 将温度计插入温度插孔内（一般在箱顶放气调节器中部）。

② 通电，打开电源开关，红色指示灯亮，开始加热。开启鼓风开关，促使热空气对流。

③ 注意观察温度计。当温度计温度将要达到需要温度时，调节自动控温旋钮，使绿色指示灯正好发亮。十分钟后再观察温度计和指示灯，如果温度计上所指温度超过需要温度，而红色指示灯仍亮，则将自动控温旋钮略向逆时针方向旋转，直到调到温度恒定在需要的温度上，并且指示灯轮番显示红色和绿色为止。自动恒温器旋钮在箱体正面左上方或右下方。它的刻度板不能作为温度标准指示，只能作为调节的标记。

④ 工作一定时间后，可开启顶部中央的放气调节器将潮气排除，也可开启鼓风机。

⑤ 使用完毕，关闭开关，将电源插头拔下。

2. 注意事项

① 使用前检查电源，要有良好的地线。

② 切勿将易燃易爆物品及挥发性物品放入箱内加热。箱体附近不可放置易燃物品。

③ 箱内应保持清洁，放物网不得有锈，否则影响玻璃器皿洁净度。

④ 烘烤洗刷完的器具时，应尽量将水珠甩去再放入烘箱内。干燥后，应等到温度降至 60℃以下方可取出物品。塑料、有机玻璃制品的加热温度不能超过 60℃，玻璃器皿的加热温度不能超过 180℃。

⑤ 鼓风机的电动机轴承应每半年加油一次。

⑥ 放物品时要避免碰撞感温器，否则温度不稳定。

⑦ 检修时应切断电源，防止带电操作。

（六）电热恒温水浴

电热恒温水浴（槽）用于恒温加热及蒸发等。常用的有 2 孔、4 孔、6 孔和 8 孔，单列式或双列式。工作温度从室温以上至 100℃，恒温波动±1℃至±5℃。

1. 使用方法

① 关闭水浴槽底部外侧的放水阀门，向水浴槽内注入蒸馏水至适当的深度。加蒸馏水是为了防止水浴槽体（铝板或铜板）被侵蚀。

② 接通电源，打开开关，温控仪显示实际水温，点击功能键（set），此时显示设定温度，点击▲或▼选择工作温度，选择完毕，点击功能键退出，即按设定温度运行，水开始被加热，并有（out）指示灯亮。

③ 当温度上升到设定温度时，指示灯（off）亮，水箱内的水进入恒温状态，且有（out）和（off）灯交替闪烁，水温被恒定在设定温度。

④ 温控仪显示的数字并不表示恒温水浴内的实际温度。随时记录温控仪显示的数字与恒温水浴内温度计指示温度的关系，记录两者差值，标定温控仪的温度。

⑤ 使用完毕，关闭电源开关，拔下插头。

⑥ 若仪器较长时间不使用，应打开放水阀门，放尽水浴槽内的全部存水。

2. 注意事项

① 仪器切勿在无水的情况下接通电源，水浴槽内的水位绝对不能低于电热管，否则电热管将被烧坏。

② 控制箱部分切勿受潮，以防漏电损坏。

③ 使用时应随时注意水浴锅是否有漏电现象。

④ 初次使用时应加入与所需温度相近的水后再通电。

（七）酸度计

酸度计简称 pH 计，是用来测量溶液的 pH（H^+浓度）的精密仪器，一般由电极和电计两部分组成。现以 PHS-2B 酸度计为例介绍其使用方法。

1. PHS-2B 酸度计的使用方法

① 电极的安装和预热　先将电极梗插入电极梗插座中，安好电极夹，把复合电极、温度传感器夹在电极夹上。插上电源线，接通电源，预热 30min。

② 校正　电极插座处插上复合电极及温度传感器，拔下电极套，用蒸馏水清洗复合电极的玻璃泡。取一干净的烧杯加入 pH＝6.86 的标准 pH 缓冲液，将复合电极和温度传感器浸入溶液中。用温度计测定溶液的温度，将仪器开关置于"℃"，调节温度调节器使数字显示值与温度计值相同。调节定位旋钮，使仪器显示读数与该温度下标准缓冲溶液的 pH 相同。取出电极，用蒸馏水清洗电极，用滤纸吸干水分。将其插入 pH＝4.00 的标准缓冲液中，调节斜率调节旋钮使仪器显示值与此温度下缓冲液的 pH 值相同。取出电极，用蒸馏水将电极冲洗干净，用滤纸吸干水分。然后再将其插入 pH＝6.86 的标准缓冲液中，测定其pH。如 pH 为 6.86，则校正结束。否则，需重复上述操作重新校正。

③ 测定　将校正后的 pH 电极插入待测溶液中，仪器显示值即为待测溶液的 pH。

2. 注意事项

① 电极在初次使用时必须要将其在蒸馏水中浸泡 24h 以上。平时将电极浸泡在饱和氯化钾溶液中，应定期检查，如发现溶液过少时应及时补充。电极绝对不能长期泡在蒸馏

水中。

② 长期不用，应将电极用电极套套上，套内应放足量的氯化钾溶液。套内的氯化钾应有少量晶体，以保证氯化钾溶液达到饱和，并将酸度计置于干燥处防止仪器受潮。

③ 仪器使用前，应对仪器进行标定，如果仪器连续使用，应每天标定一次。

④ 仪器的输入端必须保持干净，仪器不用时，将短路插头插上。注意防尘、防震。

（八）真空冷冻干燥机

冷冻干燥是利用升华的原理进行干燥的一种技术，升华指的是溶剂不经过液态，从固态直接变为气态的过程。将被干燥的物质在低温下快速冻结，然后在适当的真空环境下，使冻结的水分子直接升华成为水蒸气并逸出的过程称为冻干。冷冻干燥得到的产物称作冻干物。

与传统的干燥方法（加热干燥、喷雾干燥、真空干燥）会引起材料皱缩及破坏细胞相比，真空冷冻干燥法具有以下优点：

①不丧失生物活性；②保持其化学结构；③保持原有性状；④干燥物质呈干海绵多孔状，保持原有体积不发生萎缩；⑤冻干物能迅速溶于水，易于复性；⑥可保护一些易氧化的物质；⑦冻干后的产物可长期保存。

因此，冷冻干燥是生物工程领域不可缺少的技术之一。目前在医药工业、食品工业、科研和其他部门得到广泛的应用。

现以德国 CHRIST 冻干机为例介绍其使用方法。

1. 使用方法

① 将样品放在烧杯或圆底烧瓶中，置于超低温冰箱中冷冻过夜。

② 在做冻干前，先打开真空泵预热 20min 以上。

③ 将预冻的样品从超低温冰箱中取出，放在冻干机的冷阱内。

④ 检查所有的外挂瓶阀，确认其处于关闭状态。检查仪器右侧的放水阀是否处于关闭状态。

⑤ 打开冻干机电源，观察显示屏读数，设定主干燥温度及压力。观察显示屏显示的真空值是否有变化，初始的真空值为 10mbar（1bar＝10^5Pa）。如果初始值始终不变，则检查仪器罩及外挂瓶阀是否有漏气的地方。

⑥ 观察仪器的真空值显示，当真空值降至 0.1mbar 以下时，即可挂瓶。将预冻后的外挂瓶顶在橡胶阀口，将橡胶阀慢慢地旋至开启状态，外挂瓶被吸住。

⑦ 根据不同种类的样品控制不同的冻干时间，通常为 12～24h 左右。

⑧ 冻干结束后，先将橡胶阀缓慢旋至关闭状态，待放气声完全停止后，取下外挂瓶。

⑨ 当外挂瓶完全卸完后，关闭真空泵。缓慢旋动橡胶阀至关闭状态，观察控制器上的真空值显示，直至与外界大气压平衡。

⑩ 关闭仪器主机，移走罩子，取出样品。旋转仪器右侧的放水阀至开，将仪器侧板上的排水管插入烧杯中。待仪器内的霜全部化掉，关闭放水阀。用干布将冷阱内残余的水擦去，盖上大张滤纸防尘。

2. 注意事项

① 样品不能过厚，通常样品厚度不能超过 1cm。

② 样品必须完全冻结成冰，如有残留液体会造成气化喷射。某些在 －40℃ 下仍不能凝固的有机溶剂绝对不能做真空冷冻干燥。

③ 冻干结束放气时，一定要缓慢放气，防止由于压力升高而使干燥样品飘起，造成样品损失。

④ 有机玻璃仪器罩罩子下面的密封表面一定要保护好，千万不要碰伤。长期不用时应将罩子反放在垫子上。

⑤ 一般情况下，冷冻干燥机不得连续使用超过 48h，使用时间过长会使真空泵产热过度，影响其使用寿命。

（九）电泳仪

电泳技术是生命科学研究中不可缺少的重要分析手段。许多生物分子，如氨基酸、多肽、蛋白质、核酸等都是两性电解质，在特定的 pH 溶液中可以带正电或负电，在外加电场影响下，向着与其自身所带电荷相反的电极移动。电泳仪是实现电泳分析的仪器，一般有常压（600V）、高压（3000V）、超高压（3000～5000V）三种类型，实验室常用的为常压电泳仪。一般由电泳仪电源和电泳槽组成。

1. 使用方法

① 接好电源线并确认与有接地保护的电源插座相连。用导线将电泳槽的两个电极与电泳仪的直流输出端连接，将电极缓冲液装入电泳槽内。

② 接通电源，此时液晶显示屏显示初始界面，仪器蜂鸣 4 声后，显示上一次的设定值。按▲或▼改变其数值，每按一次改变一个数字量，按住按键不放松可快速改变数值，当达到设定值时松开。

③ 如希望查看并设定电压、电流和电泳时间，可以按【选择】键，数值由上下按键控制。

④ 定时的设定范围为 1 分～99 小时 59 分。按【启停】键后，仪器鸣响 4 声，输出启动，绿灯闪亮，开始电泳。仪器正常输出后，设定值 U_s、I_s、T_s 自动变为实际值 U、I、T。

⑤ 在仪器正常输出时若要停机，可按【启停】键，输出立刻关闭显示 stop，同时仪器反复鸣响，此时按一下【选择】键，仪器停止鸣响。

⑥ 定时器时间到后仪器自动显示已用时间并反复鸣响以提示实验人员。此时，仪器输出并未关闭，等待实验人员手动停机。按下【启停】键，输出立刻关闭显示 stop，关闭电源开关，拔下电极线，结束电泳。

2. 注意事项

① 电泳仪通电进入工作状态后，由于仪器输出电压过高，禁止人体接触电极缓冲液、电泳物及其他可能带电部分，也不能在电泳槽内搭桥、放支持物，如需要应先断电，以免触电。同时要求仪器必须有良好接地端，以防漏电。

② 仪器通电后，不要临时增加或拔除输出导线插头，以防短路现象发生，虽然仪器内部附设有保险丝，但短路现象仍有可能导致仪器损坏。

③ 由于不同介质支持物的电阻值不同，电泳时所通过的电流量也不同，其泳动速度及泳至终点所需时间也不同，故不同介质支持物的电泳不要同时在同一电泳仪上进行。

④ 在总电流不超过仪器额定电流时（最大电流范围），可以多槽关联使用，但要注意不能超载，否则容易影响仪器寿命。

⑤ 仪器使用一段时间后应检查电极线与电泳槽是否接触良好，以避免因连接故障造成仪器不能正常工作。

⑥ 仪器使用中，切勿将电泳槽放在电泳仪上进行实验工作，以防电解质溶液溅入仪器内。如有溶液进入仪器内，切勿通电，以免造成事故。

⑦ 电泳仪输出功率较大，因此采用了智能通风散热电路，当输出电流达到一定数值时，

仪器后面板的风扇自动启动，因此，在仪器工作时不要用物体遮挡后面板。

三、缓冲溶液

(一) 缓冲理论

由一定物质组成的溶液，在加入一定量的酸或碱时，其 pH 值改变甚微或不改变，此溶液称为缓冲溶液。在许多生化实验中，为了准确控制 pH 值的变化，必须使用缓冲溶液。

典型的缓冲溶液具有下列性质：

① 在缓冲溶液中，加入少量的强酸或强碱，溶液的 pH 值基本不变。

② 将缓冲溶液稀释，稀释前后溶液的 pH 值基本不变。

由 Henderson-Hasselbalch 方程：

$$pH = pK_a + \lg \frac{c_{酸}}{c_{盐}}$$

可以看出，缓冲溶液的 pH 值取决于两个因素，一是弱酸的 pK_a 值，即决定于弱酸的电离常数的大小，另一个是酸与盐的浓度比。由于在同一种缓冲液中，pK_a 值是一个常数，因此溶液的 pH 值就决定于 $\frac{c_{酸}}{c_{盐}}$ 的比值。适当改变它们的比例，就可以配制各种不同 pH 值的缓冲溶液。

(二) 常用缓冲液的配制

1. 配制步骤

以配制 1L pH4.6 的醋酸缓冲液为例说明缓冲液的配制步骤。

① 配制 1L 与醋酸缓冲液相同物质的量浓度的醋酸溶液。

② 配制 1L 与醋酸缓冲液相同物质的量浓度的醋酸钠溶液。

③ 根据 Henderson-Hasselbalch 方程计算出一定 pH 值下醋酸与醋酸钠的物质的量浓度比，从而计算出醋酸缓冲液中醋酸与醋酸钠溶液的体积比。

④ 由计算出的醋酸与醋酸钠溶液的体积比计算出 1L 缓冲液中应加入的同物质的量浓度的醋酸与醋酸钠的量，并由此分别量取醋酸与醋酸钠溶液。将二者混合在一起，即为醋酸缓冲液。

⑤ 用精密酸度计测量缓冲液的 pH，如果低于 4.6，则向缓冲液中滴加醋酸钠溶液，并不断搅拌，直到 pH 达到 4.6 为止。同理，如果测量的 pH 值高于 4.6，则用醋酸溶液将 pH 调到 4.6。

注：实际工作中，为了简便操作，在完成上述①②步后，可直接将上述两种溶液相互溶加，用酸度计测量直至达到所需缓冲液的 pH 值后即可。

2. 常用缓冲液的配制

① 乙酸-乙酸钠缓冲液 （0.2mol/L）

pH 值	0.2mol/L 乙酸/mL	0.2mol/L 乙酸钠/mL	pH 值	0.2mol/L 乙酸/mL	0.2mol/L 乙酸钠/mL
3.72	9.0	1.0	4.80	4.0	6.0
4.05	8.0	2.0	4.99	3.0	7.0
4.27	7.0	3.0	5.23	2.0	8.0
4.45	6.0	4.0	5.37	1.5	8.5
4.63	5.0	5.0	5.57	1.0	9.0

注：1. 0.2mol/L 乙酸溶液：1000mL 水中含乙酸 10.40g。

2. 0.2mol/L 乙酸钠溶液：1000mL 水中含乙酸钠 11.55g。

② 磷酸氢二钠-磷酸二氢钠缓冲液（0.2mol/L）

pH 值	0.2mol/L Na$_2$HPO$_4$/mL	0.2mol/L NaH$_2$PO$_4$/mL	pH 值	0.2mol/L Na$_2$HPO$_4$/mL	0.2mol/L NaH$_2$PO$_4$/mL
5.8	8.0	92.0	7.0	61.0	39.0
6.0	12.3	87.7	7.2	72.0	28.0
6.2	18.5	81.5	7.4	81.0	19.0
6.4	26.5	73.5	7.6	87.0	13.0
6.6	37.5	62.5	7.8	91.5	8.5
6.8	49.0	51.0	8.0	94.7	5.3

注：1. 0.2mol/L 磷酸氢二钠（Na$_2$HPO$_4$）溶液：1000mL 水中含磷酸氢二钠 53.7g。

2. 0.2mol/L 磷酸二氢钠（NaH$_2$PO$_4$）溶液：1000mL 水中含磷酸二氢钠 31.2g。

③ 巴比妥钠-盐酸缓冲液（0.1mol/L）

pH 值	0.1mol/L 巴比妥钠/mL	0.1mol/L HCl/mL	pH 值	0.1mol/L 巴比妥钠/mL	0.1mol/L HCl/mL
6.8	5.22	4.78	8.4	8.23	1.77
7.0	5.36	4.64	8.6	8.71	1.29
7.2	5.54	4.46	8.8	9.08	0.92
7.4	5.81	4.19	9.0	9.36	0.64
7.6	6.15	3.85	9.2	9.52	0.48
7.8	6.62	3.38	9.4	9.74	0.26
8.0	7.16	2.84	9.6	9.85	0.15
8.2	7.69	2.31			

注：0.1mol/L 巴比妥钠溶液：1000mL 水中含巴比妥钠 20.168g。

④ 磷酸氢二钠-磷酸二氢钾缓冲液（0.067mol/L）

pH 值	0.067mol/L Na$_2$HPO$_4$/mL	0.067mol/L KH$_2$PO$_4$/mL	pH 值	0.067mol/L Na$_2$HPO$_4$/mL	0.067mol/L KH$_2$PO$_4$/mL
4.92	0.10	9.90	7.17	7.00	3.00
5.29	0.50	9.50	7.38	8.00	2.00
5.91	1.00	9.00	7.73	9.00	1.00
6.24	2.00	8.00	8.04	9.50	0.50
6.47	3.00	7.00	8.34	9.75	0.25
6.64	4.00	6.00	8.67	9.90	0.10
6.81	5.00	5.00	8.98	10.00	0
6.98	6.00	4.00			

注：1. 0.067mol/L 磷酸氢二钠（Na$_2$HPO$_4$）溶液：1000mL 水中含 Na$_2$HPO$_4$ · 2H$_2$O 11.876g。

2. 0.067mol/L 磷酸二氢钾（KH$_2$PO$_4$）溶液：1000mL 水中含 KH$_2$PO$_4$ 9.078g。

⑤ Tris-HCl 缓冲液（0.1mol/L）

pH 值	0.1mol/L Tris/mL	0.1mol/L HCl/mL	pH 值	0.1mol/L Tris/mL	0.1mol/L HCl/mL
7.10	50.00	45.7	8.10	50.00	26.2
7.20	50.00	44.7	8.20	50.00	22.9
7.30	50.00	43.4	8.30	50.00	19.9
7.40	50.00	42.0	8.40	50.00	17.2
7.50	50.00	40.3	8.50	50.00	14.7
7.60	50.00	38.5	8.60	50.00	12.7
7.70	50.00	36.5	8.70	50.00	10.3
7.80	50.00	34.5	8.80	50.00	8.5
7.90	50.00	32.0	8.90	50.00	7.0
80	50.0.00	29.2			

注：0.1mol/L Tris（三羟甲基氨基甲烷）：1000mL 水中含 Tris 12.114g。Tris 溶液可从空气中吸收二氧化碳，使用时应将瓶塞塞紧。

⑥ 碳酸钠-碳酸氢钠缓冲液（0.1mol/L）

pH 值		0.1mol/L Na$_2$CO$_3$/mL	0.1mol/L NaHCO$_3$/mL
20℃	37℃		
9.16	8.77	1	9
9.40	9.12	2	8
9.51	9.40	3	7
9.78	9.50	4	6
9.90	9.72	5	5
10.14	9.90	6	4
10.28	10.08	7	3
10.53	10.28	8	2
10.83	10.57	9	1

注：1. 0.1mol/L 碳酸钠（Na$_2$CO$_3$）溶液：1000mL 水中含无水碳酸钠 10.6g（或 Na$_2$CO$_3$·10H$_2$O 28.62g）。

2. 0.1mol/L 碳酸氢钠（NaHCO$_3$）溶液：1000mL 水中含碳酸氢钠 8.40g。

⑦ 柠檬酸-柠檬酸三钠缓冲液（0.1mol/L）

pH 值	0.1mol/L 柠檬酸/mL	0.1mol/L 柠檬酸三钠/mL	pH 值	0.1mol/L 柠檬酸/mL	0.1mol/L 柠檬酸三钠/mL
3.0	18.6	1.4	4.4	11.4	8.6
3.2	17.2	2.8	4.6	10.3	9.7
3.4	16.0	4.0	4.8	9.2	10.8
3.6	14.9	5.1	5.0	8.2	11.8
3.8	14.0	6.0	5.2	7.3	12.7
4.0	13.1	6.9	5.4	6.4	13.6
4.2	12.3	7.7	5.6	5.5	14.5

续表

pH 值	0.1mol/L 柠檬酸/mL	0.1mol/L 柠檬酸三钠/mL	pH 值	0.1mol/L 柠檬酸/mL	0.1mol/L 柠檬酸三钠/mL
5.8	4.7	15.3	6.4	2.0	18.0
6.0	3.8	16.2	6.6	1.4	18.6
6.2	2.8	17.2			

注：1. 0.1mol/L 柠檬酸溶液：1000mL 水中含柠檬酸（$C_6H_8O_7 \cdot H_2O$）21.01g。

2. 0.1mol/L 柠檬酸三钠溶液：1000mL 水中含柠檬酸三钠（$C_6H_5Na_3O_7 \cdot 2H_2O$）29.41g。

⑧ 硼酸-硼砂缓冲液（0.2mol/L）

pH 值	0.05mol/L 硼砂/mL	0.2mol/L 硼酸/mL	pH 值	0.05mol/L 硼砂/mL	0.2mol/L 硼酸/mL
7.4	1.0	9.0	8.2	3.5	6.5
7.6	1.5	8.5	8.4	4.5	5.5
7.8	2.0	8.0	8.6	6.0	4.0
8.0	3.0	7.0	9.0	8.0	2.0

注：1. 0.05mol/L 硼砂溶液：1000mL 水中含硼砂（$Na_2B_4O_7 \cdot 10H_2O$）19.07g。

2. 0.2mol/L 硼酸溶液：1000mL 水中含硼酸（H_3BO_3）12.37g。

3. 硼砂易失去结晶水，必须放在带塞的瓶中保存。

（三）pH 标定缓冲溶液的配制

对标定酸度计用的标准缓冲溶液要求是：有较大的稳定性、较小的温度依赖性且试剂易于提纯。常用标准缓冲液的配法如下：

① pH＝4.00（10～20℃）　将邻苯二甲酸氢钾在 105℃ 干燥 1h 后，称取 5.07g 加重蒸水溶解，定容至 500mL。

② pH＝6.88（20℃）　称取在 130℃ 干燥 2h 的 3.401g 磷酸二氢钾（KH_2PO_4），8.95g 磷酸氢二钠（$Na_2HPO_4 \cdot 12H_2O$）或 3.549g 无水磷酸氢二钠（Na_2HPO_4），加重蒸水溶解，定容至 500mL。

③ pH＝9.18（25℃）　称取 3.8144g 四硼酸钠（$Na_2B_4O_7 \cdot 10H_2O$）或 2.02g 无水四硼酸钠（$Na_2B_4O_7$），加重蒸水溶解并定容至 1000mL。

不同温度下的标准缓冲溶液的 pH 值

温度/℃	酸性酒石酸钾（25℃时饱和）	0.05mol/L 邻苯二甲酸氢钾	0.025mol/L 磷酸二氢钾/0.025mol/L 磷酸氢二钠	0.0087mol/L 磷酸二氢钾/0.0302mol/L 磷酸氢二钠	0.01mol/L 硼砂
0	—	4.01	6.98	7.53	9.46
10	—	4.00	6.92	7.47	9.33
15	—	4.00	6.90	7.45	9.27
20	—	4.00	6.88	7.43	9.23
25	3.56	4.01	6.86	7.41	9.18
30	3.55	4.02	6.85	7.40	9.14
38	3.55	4.03	6.84	7.38	9.08
40	3.55	4.04	6.84	7.38	9.07
50	3.55	4.06	6.83	7.37	9.01

四、常用的硫酸铵饱和度计算表

① 调整硫酸铵溶液饱和度计算表（25℃）

	10	20	25	30	33	35	40	45	50	55	60	65	70	75	80	90	100
	25℃下硫酸铵饱和度/%																
	每1L溶液中加固体硫酸铵的质量/g[①]																
0	56	114	144	176	196	209	243	277	313	351	390	430	472	516	561	662	767
10		57	86	118	137	150	183	216	251	288	326	365	406	449	494	592	694
20			29	59	78	91	123	155	189	225	262	300	340	382	424	520	619
25				30	49	61	93	125	158	193	230	267	307	348	390	485	583
30					19	30	62	94	127	162	198	235	273	314	356	449	546
33						12	43	74	107	142	177	214	252	292	333	426	522
35							31	63	94	129	164	200	238	278	319	411	506
40								31	63	79	132	168	205	245	285	375	469
45									32	65	99	134	171	210	250	339	431
50										33	66	101	137	176	214	302	392
55											33	67	103	141	179	264	353
60												34	69	105	143	227	314
65													34	70	107	190	275
70														35	72	153	237
75															36	115	198
80																77	157
90																	79

① 在25℃下，硫酸铵溶液由初浓度调到终浓度时，每1L溶液中所加固体硫酸铵的质量（g）。

② 调整硫酸铵溶液饱和度计算表（0℃）

	20	25	30	35	40	45	50	55	60	65	70	75	80	85	90	95	100
	0℃下硫酸铵饱和度/%																
	每100mL溶液中加固体硫酸铵的质量/g[①]																
0	10.6	13.4	16.4	19.4	22.6	25.8	29.1	32.6	36.1	39.8	43.6	47.6	51.6	55.9	60.3	65.0	69.7
5	7.9	10.8	13.7	16.6	19.7	22.9	26.2	29.6	33.1	36.8	40.5	44.4	48.4	52.6	57.0	61.5	66.2
10	5.3	8.1	10.9	13.9	16.9	20.0	23.3	26.6	30.1	33.7	37.4	41.2	45.2	49.3	53.6	58.1	62.7
15	2.6	5.4	8.2	11.1	14.1	17.2	20.4	23.7	27.1	30.6	34.3	38.1	42.0	46.0	50.3	54.7	59.2
20	0	2.7	5.5	8.3	11.3	14.3	17.5	20.7	24.1	27.6	31.2	34.9	38.7	42.7	46.9	51.2	55.7
25		0	2.7	5.6	8.4	11.5	14.6	17.9	21.1	24.5	28.0	31.7	35.5	39.5	43.6	47.8	52.2
30			0	2.8	5.6	8.6	11.7	14.8	18.1	21.4	24.9	28.5	32.3	36.2	40.2	44.5	48.8
35				0	2.8	5.7	8.7	11.8	15.1	18.4	21.8	25.4	29.1	32.9	36.9	41.0	45.3
40					0	2.9	5.8	8.9	12.0	15.3	18.7	22.2	25.8	29.6	33.5	37.6	41.8
45						0	2.9	5.9	9.0	12.3	15.6	19.0	22.6	26.3	30.2	34.2	38.3
50							0	3.0	6.0	9.2	12.5	15.9	19.4	23.0	26.8	30.8	34.8

续表

	0℃下硫酸铵饱和度/%																
	20	25	30	35	40	45	50	55	60	65	70	75	80	85	90	95	100
	每100mL溶液中加固体硫酸铵的质量/g①																
55								0	3.0	6.1	9.3	12.7	16.1	19.7	23.5	27.3	31.3
60									0	3.1	6.2	9.5	12.9	16.4	20.1	23.1	27.9
65										0	3.1	6.3	9.7	13.2	16.8	20.5	24.4
70											0	3.2	6.5	9.9	13.4	17.1	20.9
75												0	3.2	6.6	10.1	13.7	17.4
80													0	3.3	6.7	10.3	13.9
85														0	3.4	6.8	10.5
90															0	3.4	7.0
95																0	3.5
100																	0

① 在0℃下，硫酸铵溶液由初浓度调到终浓度时，每100mL溶液中所加固体硫酸铵的质量（g）。

③ 不同温度下的饱和硫酸铵溶液

温度/℃	0	10	20	25	30
每1000g水中含硫酸铵的物质的量/mol	5.35	5.53	5.73	5.82	5.91
质量分数/%	41.42	42.22	43.09	43.47	43.85
1000mL水用硫酸铵饱和所需的质量/g	706.8	730.5	755.8	766.8	777.5
1L饱和溶液含硫酸铵的质量/g	514.8	525.2	536.5	541.2	545.9
饱和溶液浓度/(mol/L)	3.90	3.97	4.06	4.10	4.13

五、色谱法常用数据及性质

① 常用的离子交换色谱数据及参数

类型	商品名称	特性	交换基团	总交换容量/[(mmol/L)/g]
强酸型阳离子交换剂	磺酸甲基纤维素（SM-C）	纤维素	磺酸甲基—OCH_2SO_3H	
	磺酸乙基纤维素（SE-C）	纤维素	磺酸乙基—$OC_2H_4SO_3H$	0.2~0.3
中强酸型阳离子交换剂	磷酸纤维素（P-C）	纤维素	磷酸—OPO_3H_2—	0.7~7.4
弱酸型阳离子交换剂	羧甲基纤维素（CM-C）	纤维素	羧甲基—OCH_2COOH	0.5~1.0
强碱型阴离子交换剂	三乙基氨基乙纤维素（TECE-C）	纤维素	三乙基氨基乙基—$OC_2H_4N^+(C_2H_5)_3$	0.5~1.0
中强碱型阴离子交换剂	氨基乙基纤维素（AE-C）	纤维素	氨基乙基—$OC_2H_4NH_2$	0.3~1.0
弱碱型阴离子交换剂	二乙基氨基乙基纤维素（DEAE-C）	纤维素	二乙基氨基乙基—$OC_2H_4N(C_2H_5)_2$	0.1~1.1
弱酸型阳离子交换剂	CM-Sephadex　C-25 CM-Sephadex　C-50	葡聚糖	羧甲基—OCH_2COOH	
强酸型阳离子交换剂	SP-Sephadex C-25 SP-Sephadex C-50	葡聚糖	磺酸丙基—$OC_3H_6SO_3H$	
弱碱型阴离子交换剂	DEAE-Sephadex A-25 DEAE－Sephadex A-50	葡聚糖	二乙基氨基乙基—$OC_2H_4N(C_2H_5)_2$	

续表

类型	商品名称	特性	交换基团	总交换容量/[(mmol/L)/g]
强碱型阴离子	QAE-Sephadex A-25 QAE-Sephadex A-50	葡聚糖	二乙基-(α-羟丙基)氨基乙基 $-OC_2H_4\overset{+}{N}(C_2H_5)_2$ $\mid$ CH_2CHCH_3 $\mid$ OH	

② 聚丙烯酰胺凝胶的参数

型号	排阻的下限 Mr	分级分离的范围 Mr	每克干凝胶膨胀后的床体积/mL	膨胀所需最少时间(室温)/h
Bio-gel-P-2	1600	200～2000	3.8	2～4
Bio-gel-P-4	3600	500～4000	5.8	2～4
Bio-gel-P-6	4600	1000～5000	8.8	2～4
Bio-gel-P-10	10000	5000～17000	12.4	2～4
Bio-gel-P-30	30000	20000～50000	14.9	10～12
Bio-gel-P-60	60000	30000～70000	19.0	10～12
Bio-gel-P-100	100000	40000～100000	19.0	24
Bio-gel-P-150	150000	50000～150000	24.0	24
Bio-gel-P-200	200000	80000～300000	34.0	48
Bio-gel-P-300	300000	100000～400000	40.0	48

注：上述各种型号的凝胶都是亲水性的多孔颗粒，在水和缓冲溶液中很容易膨胀。　（生产厂家为 Bio-Rad Laboratories, Richmond, California, USA。)

③ 琼脂糖凝胶的参数

名称、型号	凝胶内琼脂糖质量分数/%	排阻的下限 Mr	分级分离的范围 Mr	生产厂商
Sagavac10	10	2.5×10^5	$1\times10^4\sim2.5\times10^5$	Servace Laboratories,
Sagavac8	8	7×10^5	$2.5\times10^4\sim7\times10^5$	Maidenhead, England
Sagavac 6	6	2×10^6	$5\times10^4\sim2\times10^6$	
Sagavac 4	4	15×10^6	$2\times10^5\sim15\times10^6$	
Sagavac2	2	150×10^6	$5\times10^5\sim15\times10^7$	
Bio-GelA-0.5M	10	0.5×10^6	$<1\times10^4\sim0.5\times10^6$	Bio-Rad Laboratories,
Bio-GelA-1.5M	8	1.5×10^6	$<1\times10^4\sim1.5\times10^6$	California, USA
Bio-GelA-5M	6	5×10^6	$1\times10^4\sim5\times10^6$	
Bio-GelA-15M	4	15×10^6	$4\times10^4\sim15\times10^6$	
Bio-GelA-50M	2	50×10^6	$1\times10^5\sim50\times10^6$	
Bio-GelA-150M	1	150×10^6	$1\times10^6\sim150\times10^6$	

④ 凝胶过滤色谱介质的参数

凝胶过滤介质名称	分离范围 Mr	颗粒大小 /μm	特性/应用	pH 值稳定性工作（清洗）	耐压/MPa	最快流速 /(cm/h)
Superdex30 prep grade	<10000	24~44	肽类、寡糖、小蛋白质等	3~12(1~14)	0.3	100
Superdex75 prep grade	3000~70000	24~44	重组蛋白、细胞色素	3~12(1~14)	0.3	100
Superdex200 prep grade	10000~600000	24~44	单抗、大蛋白质	3~12(1~14)	0.3	100
Superose6 prep grade	5000~5×10⁶	20~40	蛋白质、肽类、多糖、核酸	3~12(1~14)	0.4	30
Superose12 prep grade	1000~300000	20~40	蛋白质、肽类、多糖、核酸	3~12(1~14)	0.7	30
Sephacryl S-100 HR	1000~100000	25~75	肽类、小蛋白质	3~11(2~13)	0.2	20~39
Sephacryl S-200 HR	5000~250000	25~75	蛋白质、如小血清蛋白、清蛋白	3~11(2~13)	0.2	20~39
Sephacryl S-300 HR	10000~1.5×10⁶	25~75	蛋白质,如膜蛋白和血清蛋白	3~11(2~13)	0.2	20~39
Sephacryl S-400 HR	20000~8×10⁶	5~75	多糖、具延伸结构的大分子如蛋白多糖、脂质体	3~11(2~13)	0.2	20~39
Sephacryl S-500 HR	葡聚糖40000~20×10⁶DNA <1078bp	5~75	大分子如 DNA 限制片段	3~11(2~13)	0.2	20~39
Sephacryl S-1000SF	葡聚糖5×10⁵~100×10⁶ DNA<20000bp	40~105	DNA、巨大多糖、蛋白多糖、小颗粒如膜结合囊或病毒	3~11(2~13)	未经测试	40
Sepharose6 Fast Flow	10000~4×10⁶	平均90	巨大分子	2~12(2~14)	0.1	250
Sepharose4 Fast Flow	60000~20×10⁶	平均90	巨大分子如重组乙型肝炎表面抗原	2~12(2~14)	0.1	250
Sepharose 2B	70000~40×10⁶	60~200	蛋白质、大分子复合物、病毒、不对称分子如核酸和多糖(蛋白多糖)	4~9(4~9)	0.004	10
Sepharose 4B	60000~20×10⁶	45~165	蛋白质、多糖	4~9(4~9)	0.008	1.5
Sepharose 6B	10000~4×10⁶	45~165	蛋白质、多糖	4~9(4~9)	0.02	14
Sepharose CL-2B	70000~40×10⁶	60~200	蛋白质、大分子复合物、病毒、不对称分子如核酸和多糖(蛋白多糖)	3~13 (2~14)	0.005	15
Sepharose CL-4B	60000~20×10⁶	45~165	蛋白质、多糖	3~13 (2~14)	0.012	26
Sepharose CL-6B	10000~4×10⁶	45~165	蛋白质、多糖	3~13 (2~14)	0.02	30

续表

凝胶过滤介质名称	分离范围 Mr	颗粒大小 /μm	特性/应用	pH 值稳定性工作（清洗）	溶胀体积 /(mL/g) 干凝胶	溶胀最少平衡时间/h 室温	溶胀最少平衡时间/h 沸水浴	最快流速 /(cm/h)
Sephadex G-10	<700	干粉 40~120		2~13 (2~13)	2~3	3	1	2~5
Sephadex G-15	<1500	干粉 40~120		2~13 (2~13)	2.5~3.5	3	1	2~5
Sephadex G-25 Coarse	1000~5000	干粉 100~300	工业上去盐及交换缓冲液用	2~13 (2~13)	4~6	6	2	2~5
Sephadex G-25 Medium	1000~5000	干粉 50~150	工业上去盐及交换缓冲液用	2~13 (2~13)	4~6	6	2	2~5
Sephadex G-25 Fine	1000~5000	干粉 20~80	工业上去盐及交换缓冲液用	2~13 (2~13)	4~6	6	2	2~5
Sephadex G-25 Superfine	1000~5000	干粉 10~40	工业上去盐及交换缓冲液用	2~13 (2~13)	4~6	6	2	2~5
Sephadex G-50 Coarse	1500~30000	干粉 100~300	一般小分子蛋白质分离	2~10 (2~13)	9~11	6	2	2~5
Sephadex G-50 Medium	1500~30000	干粉 50~150	一般小分子蛋白质分离	2~10 (2~13)	9~11	6	2	2~5
Sephadex G-50 Fine	1500~30000	干粉 20~80	一般小分子蛋白质分离	2~10 (2~13)	9~11	6	2	2~5
Sephadex G-50 Superfine	1500~30000	干粉 10~40	一般小分子蛋白质分离	2~10 (2~13)	9~11	6	2	2~5
Sephadex G-75	3000~80000	干粉 40~120	中等蛋白质分离	2~10 (2~13)	12~15	24	3	72
Sephadex G-75 Superfine	3000~70000	干粉 10~40	中等蛋白质分离	2~10 (2~13)	12~15	24	3	16
Sephadex G-100	$4000~1.5\times10^5$	干粉 40~120	中等蛋白质分离	2~10 (2~13)	15~20	48	5	47
Sephadex G-100 Superfine	$4000~1\times10^5$	干粉 10~40	中等蛋白质分离	2~10 (2~13)	15~20	48	5	11
Sephadex G-150	$5000~3\times10^5$	干粉 40~120	稍大蛋白质分离	2~10 (2~13)	20~30	72	5	21
Sephadex G-150 Superfine	$5000~1.5\times10^5$	干粉 10~40	稍大蛋白质分离	2~10 (2~13)	18~22	72	5	5.6
Sephadex G-200	$5000~6\times10^5$	干粉 40~120	较大蛋白质分离	2~10 (2~13)	30~40	72	5	11
Sephadex G-200 Superfine	$5000~2.5\times10^5$	干粉 10~40	较大蛋白质分离	2~10 (2~13)	20~25	72	5	2.8
嗜脂性 Sephadex LH20	100~4000	干粉 25~100	特别为使用有机溶剂而设计。适合分离脂类、胆固醇、脂肪酸、激素、维生素及其他生物小分子。此分离范围指以酒精为溶剂的分离					

六、分子生物学及基因工程常用试剂及数据

（一）常用贮液与溶液

① 1mol/L 亚精胺　将 2.55g 亚精胺溶解于足量的蒸馏水中，使终体积为 10mL。分装成小份贮存于－20℃。

② 1mol/L 精胺　将 3.48g 精胺溶解于足量的蒸馏水中，使终体积为 10mL。分装成小份贮存于－20℃。

③ 10mol/L 乙酸铵　将 77.1g 乙酸铵溶解于蒸馏水中，加蒸馏水定容至 1L 后，用 0.22μm 孔径的滤膜过滤除菌。

④ 10mg/mL 牛血清白蛋白（BSA）　将 100mg 的牛血清白蛋白加入 9.5mL 蒸馏水中（为减少变性，须将蛋白质加入水中，而不是将水加入蛋白质），盖好盖后，轻轻摇动，直至牛血清白蛋白完全溶解为止。不要涡旋混合。加蒸馏水定容到 10mL，然后分装成小份贮存于－20℃。

⑤ 1mol/L 二硫苏糖醇（DTT）　在二硫苏糖醇 5g 的原装瓶中加入 32.4mL 蒸馏水，分成小份贮存于－20℃。或转移 100mg 的二硫苏糖醇至微量离心管，加 0.65mL 的蒸馏水配制成 1mol/L 二硫苏糖醇溶液。

⑥ 8mol/L 乙酸钾　将 78.5g 乙酸钾溶解于足量的蒸馏水中，加蒸馏水定容到 100mL。

⑦ 1mol/L 氯化钾（KCl）　将 7.46g 氯化钾溶解于足量的蒸馏水中，加蒸馏水定容到 100mL。

⑧ 3mol/L 乙酸钠　将 40.8g 的三水乙酸钠溶解于约 90mL 蒸馏水中，用冰乙酸调溶液的 pH 至 5.2，再加蒸馏水定容到 100mL。

⑨ 0.5mol/L EDTA（pH 8.0）　称取 186.1g 的乙二胺四乙酸二钠（$Na_2EDTA \cdot 2H_2O$），在磁力搅拌器上剧烈搅拌，用 NaOH 调节 pH8.0（约需 20g NaOH 颗粒），加蒸馏水定容至 1L，高压蒸汽灭菌，保存于室温。

⑩ 25mg/mL IPGT　溶解 250mg 的 IPGT（异丙基硫代-β-D-半乳糖苷）于 10mL 蒸馏水中，分成小份贮存于－20℃。

⑪ 1mol/L 氯化镁（$MgCl_2$）　将 20.3g $MgCl_2 \cdot 6H_2O$ 溶解于 80mL 蒸馏水中，定容到 100mL。

⑫ 100mmol/L PMSF　将 174mg 的 PMSF（苯甲基磺酰氟）溶解于足量的异丙醇中，定容至 10mL。分成小份并用铝箔将装液管包裹，贮存于－20℃。

⑬ 20mg/mL 蛋白酶 K（proteinase K）　将 200mg 的蛋白酶 K 加到 9.5mL 蒸馏水中，轻轻摇动，直至蛋白酶 K 完全溶解。不要涡旋混合。加水定容至 10mL，然后分装成小份贮存于－20℃。

⑭ 10mg/mL RNase（无 DNase）　将 10mg 的胰 RNA 酶溶解于 1mL 的 10mmol/L 的乙酸钠水溶液中（pH5.0）。溶解后于沸水浴中煮沸 15min，使 DNA 酶失活。用 1mol/L 的 Tris-HCl 调 pH 至 7.5，于－20℃贮存。（配制过程中要戴手套。）

⑮ 10% SDS（十二烷基硫酸钠）　称取 100g SDS 慢慢转移到约含 900mL 蒸馏水的烧杯中，用磁力搅拌器搅拌直至完全溶解。用蒸馏水定容至 1L。

⑯ 2mol/L 山梨（糖）醇　将 36.4g 山梨（糖）醇溶解于足量蒸馏水中，用蒸馏水定容至 100mL。

⑰ 2.5% X-gal（5-溴-4-氯-3-吲哚-β-半乳糖苷）　将 25mg 的 X-gal 溶解于 1mL 的二甲

基甲酰胺（DMF），用铝箔包裹装液管，贮存于−20℃。

⑱ 10mg/mL 溴化乙锭（EB）　小心称取 1g 溴化乙锭，加入 100mL 蒸馏水，用磁力搅拌器搅拌直到完全溶解，用铝箔包裹或转移至棕色瓶中，于 4℃保存。注意：溴化乙锭是强致诱变剂并有中度毒性，称量该染料时要戴手套、口罩及护目镜，使用这种试剂时必须戴手套。

⑲ 磷酸盐缓冲液（PBS）　称取 8g 氯化钠、0.2g 氯化钾、1.4g 磷酸氢二钠和 0.24g 磷酸二氢钾，用盐酸调 pH 至 7.4，加水定容至 1L，高压蒸汽灭菌，保存于室温。

⑳ 1mol/L Tris-HCl 溶液（pH 值 8.0）　称取 157g Tris（三羟甲基氨基甲烷）溶于 800mL 蒸馏水中，用浓盐酸（HCl）调 pH 值至 8.0，然后加蒸馏水至 1L，高压蒸汽灭菌，保存于室温。

㉑ TE 缓冲液（10mmol/L Tris-HCl pH8.0，1mmol/L EDTA）　分别量取 10mL 1mol/L Tris-HCl 溶液（pH8.0）和 2mL 0.5mol/L EDTA 溶液（pH8.0），混匀后加双蒸水定容至 1000mL。

（二）常用抗生素

① 100mg/mL 氨苄西林（ampicillin）　将 1g 氨苄西林钠盐溶解于足量的蒸馏水中，最后加蒸馏水定容至 10mL。分装成小份于−20℃贮存。常以 25～50μg/mL 的终浓度添加于生长培养基中。

② 50mg/mL 羧苄青霉素（carbenicillin）　将 0.5g 羧苄青霉素二钠盐溶解于足量的蒸馏水中，最后加蒸馏水定容至 10mL。分装成小份于−20℃贮存。常以 25～50μg/mL 的终浓度添加于生长培养基中。

③ 10mg/mL 卡那霉素（kanamycin）　将 100mg 卡那霉素溶解于足量的蒸馏水中，最后定容至 10mL。分装成小份于−20℃贮存。常以 10～50μg/mL 的终浓度添加于生长培养基中。

④ 25mg/mL 氯霉素（chloramphenicol）　将 250mg 氯霉素溶解于足量的无水乙醇中，最后定容至 10mL。分装成小份于−20℃贮存。常以 12.5～25μg/mL 的终浓度添加于生长培养基中。

⑤ 50mg/mL 链霉素（streptomycin）　将 0.5g 链霉素硫酸盐溶解于足量的无水乙醇中，最后定容至 10mL。分装成小份于−20℃贮存。常以 10～50μg/mL 的终浓度添加于生长培养基中。

⑥ 10mg/mL 四环素（tetracycline）　将 100mg 四环素盐酸盐溶解于足量的蒸馏水中，或者将无碱的四环素溶于无水乙醇中，定容至 10mL。分装成小份用铝箔包裹装液体管以免溶液见光，于−20℃贮存。常以 10～50μg/mL 的终浓度添加于生长培养基中。

（三）有关核酸的常用数据

① 常用核酸分子质量标准数据

核酸	核苷酸数	分子质量/Da
λDNA	48502（双链环状）	3.0×10^7
pBR322	4363（双链）	2.8×10^6
28S rRNA	4800	1.6×10^7
23S rRNA	3700	1.2×10^7

续表

核酸	核苷酸数	分子质量/Da
18S rRNA	1900	6.1×10^7
19S rRNA	1700	5.5×10^7
5S rRNA	120	3.6×10^7
tRNA(大肠埃希菌)	75	2.5×10^7

② 常用核酸蛋白换算数据

a. 质量换算

$1\mu g = 10^{-6} g$

$1 ng = 10^{-9} g$

$1 pg = 10^{-12} g$

$1 fg = 10^{-15} g$

b. 分光光度换算

$1 A_{260nm}$ 双链 DNA $= 50 \mu g/mL$

$1 A_{260nm}$ 单链 DNA $= 33 \mu g/mL$

$1 A_{260nm}$ 单链 RNA $= 40 \mu g/mL$

c. DNA 物质的量换算

$1\mu g$ 1000bp DNA $= 1.52 pmol = 3.03 pmol$ 末端

$1\mu g$ pBR322 DNA $= 0.36 pmol$

1pmol 1000bp DNA $= 0.66 \mu g$

1pmol pBR 322 $= 2.83 \mu g$

1kb 双链 DNA(钠盐) $= 6.6 \times 10^5 Da$

1kb 单链 DNA(钠盐) $= 3.3 \times 10^5 Da$

1kb 单链 RNA(钠盐) $= 3.4 \times 10^5 Da$

脱氧核糖核苷的平均分子质量 $= 324.5 Da$

d. 蛋白质物质的量换算

100pmol 分子质量 100000 蛋白质 $= 10 \mu g$

100pmol 分子质量 50000 蛋白质 $= 5 \mu g$

100pmol 分子质量 10000 蛋白质 $= 1 \mu g$

氨基酸的平均分子质量 $= 126.7 Da$

e. 蛋白质/DNA 换算：

1kb DNA $= 333$ 个氨基酸编码容量 $= 3.7 \times 10^4 Da$ 蛋白质

10000Da 蛋白质 $= 270bp$ DNA

30000Da 蛋白质 $= 810bp$ DNA

50000Da 蛋白质 $= 1.35kb$ DNA

100000Da 蛋白质 $= 2.7kb$ DNA

③ 常见限制性内切酶的酶切位点

酶	常见同型酶	盐浓度	温度/℃	识别序列	匹配黏性末端↑
Aat Ⅱ		中	37	GACGT↓C	
Acc Ⅰ		中	37	GT↓$\binom{AG}{CT}$AC	*Acy* Ⅰ,*Asu* Ⅱ,*Cla* Ⅰ,*Hpa* Ⅱ,*Taq* Ⅰ
Acc Ⅲ		高	65	T↓CCGGA	

续表

酶	常见同型酶	盐浓度	温度/℃	识别序列	匹配黏性末端↑
Acy I			37	G$\binom{A}{G}$↓CG$\binom{T}{C}$C	Acc I，Asu II，Cla I，Hpa II，Taq I
Aiu I		中	37	AG↓CT	blunt
Alw26 I		中	37	GTCTCN↓CAGAGNNNNN↑	
Alw44 I		中	37	G↓TGCAC	
Aos I			37	TGC↓GCA	blunt
Apa I		低	37	GGGCC↓C	
Apy I	Atu I，EcoR II		37	CC↓$\binom{A}{T}$GG	
Asu I			37	G↓GNCC	
Asu II			37	TT↓CGAA	Acc I，Acy I，Cla I，Hpa II，Taq I
Atu II			37	CC↓$\binom{A}{T}$GG	
Ava I		中	37	G↓PyCGPuG	Sal I，Xho I，Xma I
Ava II		中	37	G↓G$\binom{A}{T}$CC	Sau96 I
Avr II		低	37	C↓CTAGG	
Bal I			37	TGG↓CCA	blunt
BamH I		中	37	G↓GATCC	Bcl I，Bgl II，Mbo I，Sau3A，Xho II
Bcl I		中	60	T↓GATCA	BamH I，Bgl II，Mbo I，Sau3A，Xho II
Bgl I		中	37	GCCNNNN↓NGGC	
Bgl II		低	37	A↓GATCT	BamH I，Bcl I，Mbo I，Sau3A，Xho II
Bpa I			37	GT↓$\binom{C}{A}$$\binom{C}{T}$AC	
BstE II		中	60	G↓GTNACC	
BstN I		低	60	CC↓$\binom{A}{T}$GG	
BstX I		高	50	CCANNNNN↓NTGG	
BstZ I		高	37	C↓GGCCG	
Bsu36 I		高	37	CC↓TNAGG	
Cfo I		低	37	GCG↓C	
Cla I			37	AT↓CGAT	Acc I，Acy I，Asy I，Hpa II，Taq I
Csp 45 I		低	37	TT↓GGAA	
Dde I		中	37	C↓TNAG	
Dpn I	Sau3A	中	37	G^{Me}A↓TC	blunt
Dra I		中	37	TTT↓AAA	
EcoR I		高	37	G↓AATTC	
EcoR V		高	37	GAT↓ATC	
EcoB			37	TGANNNNNNNTGCT	I 类酶
EcoK			37	AACNNNNNNGTGC	I 类酶
EcoP I			37	AGACC	III 类酶
EcoR I [1]			37	$\binom{A}{G}$$\binom{A}{G}$A↓T$\binom{T}{C}$$\binom{T}{C}$	blunt
EcoR I*			37	↓AATT	EcoR I
EcoR II	Atu I，Apy I	高	37	↓CC$\binom{A}{T}$GG	

酶	常见同型酶	盐浓度	温度/℃	识别序列	匹配黏性末端↑
*Fnu*4H I		低	37	GC↓NGC	
*Fnu*D II	*Tha* I	低	37	CG↑CG	blunt
Hae I		低	37	$\binom{A}{T}$GG↓CC$\binom{T}{A}$	blunt
Hae II		低	37	PuGCGC↓Py	
Hae III		中	37	GG↓CC	blunt
Hga I		中	37	GACGCNNNNN↓ CTGCGNNNNNNNNNN↑	
*Hgi*A I		高	37	G$\binom{T}{A}$GC$\binom{T}{A}$↓C	
Hha I	*Cfo* I	中	37	GCG↓C	
Hinc II		中	37	GTPy↓PuAC	
Hind II		中	37	GTPy↓PuAC	
Hind III		中	37~55	A↓AGCTT	
Hinf I		中	37	G↓ANTC	
Hpa I		低	37	GTT↓AAC	blunt
Hpa II		低	37	C↓CGG	*Acc* I, *Acy* I, *Asu* II, *Cla* I, *Taq* I
Hph I		低	37	GGTGANNNNNNNN↓ CCACTNNNNNNN↑	
Kpn I		低	37	GGTAC↓C	
Mbo I	*Sau*3A	高	37	↓GATC	*Bam*H I, *Bcl* I, *Bgl* II, *Xho* II
Mbo II		低	37	GAAGANNNNNNNN↓ CTTCTNNNNNNN↑	
Mnl I		高	37	CCTCNNNNNNNN↑	
Msp I		低	37	C↓CGG C↓C^{Me}GG	
Mst I			37	TGC↓GCA	blunt
Nco I		高	37	C↓CATGG	
Pst I		中	21~37	CTGCA↓G	
Pvu I	*Xor* II	高	37	CGAT↓CG	
Pvu II		中	37	CAG↓CTG	blunt
Rsa I		中	37	GT↓AC	blunt
Sac I	*Sst* I	低	37	GAGCT↓C	
Sac II		低	37	CCGC↓GG	
Sac III		高	37	ACGT	
Sal I		高	37	G↓TCGAC	*Ava* I, *Xho* I
*Sau*3A		中	37	↓GATC G^{Me}ATC	*Bam*H I, *Bcl* I, *Bgl* II, *Mbo* I, *Xho* II
*Sau*96 I		中	37	G↓GNCC	

续表

酶	常见同型酶	盐浓度	温度/℃	识别序列	匹配黏性末端↑
Sca I		中	37	AGT↓ACT	
Sin I		低	37	G↓G$\binom{AT}{TA}$CC	
Sma I	Xma I	（II）	37	CCC↓GGG	blunt
SnaB I		低	37	TAC↑GTA	
Sph I			37	GCATG↓C	
Sat I	Sac I	低	37	GAGCT↓C	
Sat II		低	37	CCGC↓GG	
Sst III		高	37	ACGT	
Taq I		低	65	T↓CGA	Acc I, Acy I, Asu II, Cla I, Hpa II
Tha I	FnuD II	低	60	CG↓CG	blunt
Tth III I		中	67	GACN↓NNGTC	
Xba I		高	37	T↓CTAGA	
Xho I			37	C↓TCGAG	Ava I, Sal I
Xho II			37	$\binom{A}{G}$↓GATC$\binom{T}{C}$	BamH I, Sal I, Bgl II, Mbo I, Sau3A
Xma I	Sma I	低	37	C↓CCGGGG	Ava I
Xma II			37	C↓GGCCG	
Xor II	Pvu I, Rsh I	低	37	CGATC↓G	

注：1. 各种限制性内切酶缓冲液。

根据各酶所需的盐浓度，常配制高盐、中盐和低盐贮存液

10×低盐缓冲液：

100mmol/L Tris-HCl (pH 7.5)

100mmol/L 氯化镁

100mmol/L DTT

10×高盐缓冲液：

1mol/L 氯化钠

500mmol/L Tris-HCl

100mmol/L 氯化镁

10mmol/L DTT

10×中盐缓冲液：

0.5mol/L 氯化钠

100mmol/L 氯化镁

100mmol/L Tris-HCl (pH 7.5)

10mmol/L DTT

2. 特别的酶切缓冲液（10×Sma I 缓冲液）。

200mmol/L 氯化钾

100mmol/L Tris-HCl (pH 8.0)

100mmol/L 氯化镁

10mmol/L DTT

（四）酶类

1. 溶菌酶

用水配制成 50mg/mL 的溶菌酶溶液，分装成小份并保存于-20℃。每一小份使用后即丢弃。

2. 蛋白水解酶

蛋白水解酶的反应参数

名称	贮存液	贮存温度/℃	反应浓度	反应缓冲液	温度/℃	预处理
链霉蛋白酶①	20mg/mL（溶于水）	−20	1mg/mL	0.01mol/L，pH 7.8 Tris- 0.01mol/L EDTA 0.5% SDS	37	自消化②
蛋白酶 K③	20mg/mL（溶于水）	−20	50μg/mL	0.01mol/L，pH 7.8 Tris- 0.01mol/L EDTA 0.5% SDS	37~56	无须预处理

① 链霉蛋白酶是从链霉菌（*Streptomyces griseus*）中分离的一种丝氨酸蛋白酶和酸性蛋白酶的混合物。

② 自消化可消除 DNA 酶的污染，经自消化的链霉蛋白酶的配制方法如下：把该酶的粉末溶解于含 10mmol/L（pH7.5）Tris-HCl 10mmol/L 氯化钠中，配成 20mg/L 浓度，于 37℃温育 1h。经自消化的链霉蛋白酶分装成小份放在密封的小离心试管中，保存于−20℃。

③ 蛋白酶 K 是一种枯草蛋白酶类的高活性蛋白酶，从林伯氏白色念珠菌（*Tritirachium album* Limber）中纯化得到。该酶有两个 Ca^{2+} 结合位点，它们离酶的活性中心有一定距离，与催化机理并无直接关系。然而，如果从该酶中除去 Ca^{2+}，由于出现远程的结构变化，催化活性将丧失 80% 左右，但其剩余活性通常也足以降解在一般情况下污染核酸制品的蛋白质。所以，蛋白酶 K 消化过程中通常加入 EDTA（以抑制依赖于 Mg^{2+} 的核酸酶的作用）。但是，如果要消化对蛋白酶 K 具有较强耐受性的蛋白质如角蛋白等，可能需要使用含 1mmol/L Ca^{2+} 而不含 EDTA 的缓冲液。在消化完毕后，纯化核酸前加入 EDTA（pH 8.0）至终浓度为 2mmol/L，以螯合 Ca^{2+}。

3. 无 DNA 酶的 RNA 酶

将胰 RNA 酶（RNA 酶 A）溶于含有 15mmol/L 氯化钠的 10mmol/L Tris-HCl（pH7.5）中，配成 10mg/mL 的浓度，于 100℃加热 15min，缓慢冷却至室温，分装成小份保存于−20℃。

(五) 电泳缓冲液

① 常用的电泳缓冲液

缓冲液	使用液	浓贮存液（每升）
Tris-乙酸（TAE）	1×:0.04mol/L Tris-乙酸 0.001mol/L EDTA	50×:242g Tris 碱 57.1mL 冰乙酸 100mL 0.5mol/L EDTA(pH 8.0)
Tris-磷酸（TPE）	1×:0.09mol/L Tris-磷酸 0.002mol/L EDTA	10×:108g Tris 碱 15.5mL 85%磷酸(1.679g/mL) 40mL 0.5mol/L EDTA(pH 8.0)
Tris-硼酸（TBE）①	0.5×:0.045mol/L Tris-硼酸 0.001mol/L EDTA	5×:54g Tris 碱 27.5g 硼酸 20mL 0.5mol/L EDTA(pH 8.0)
碱性缓冲液②	1×:50mmol/L NaOH 1mmol/L EDTA	1×:5mL 10mol/L NaOH 2mL 0.5mol/L EDTA(pH 8.0)
Tris-甘氨酸③	1×:25mmol/L Tris 250mmol/L 甘氨酸 0.1% SDS	5×:15.1g Tris 碱 94g 甘氨酸（电泳级）(pH 8.3) 50mL 10%SDS(电泳级)

① TBE 浓溶液长时间存放后会形成沉淀物。为避免这一问题，可在室温下用玻璃瓶保存 5×溶液，出现沉淀后则予以废弃。以往都以 1×TBE 作为使用液（即 1:5 稀释浓度贮存液）进行琼脂糖电泳。但 0.5×的使用液已具备足够的缓冲容量。目前几乎所有的琼脂糖凝胶都以 1:10 稀释的贮存液作为使用液。进行聚丙烯酰胺凝胶电泳使用的 1×TBE，是琼脂糖凝胶电泳使用溶液的 2 倍。这是因为聚丙烯酰胺凝胶电泳的电泳槽中缓冲液槽较小，通过缓冲液的电流量通常较大，因此需要使用 1×TBE 以提供足够的缓冲容量。

② 碱性电泳缓冲液应现用现配。

③ Tris-甘氨酸缓冲液用于 SDS-聚丙烯酰胺凝胶电泳。

② 常用凝胶电泳加样缓冲液

缓冲液类型	6×缓冲液	贮存温度/℃
Ⅰ	0.25％溴酚蓝 0.25％二甲苯青 FF 400g/L 蔗糖水溶液	4
Ⅱ	0.25％溴酚蓝 0.25％二甲苯青 FF 15％聚蔗糖(Ficoll)(400 型)水溶液	室温
Ⅲ	0.25％溴酚蓝 0.25％二甲苯青 FF 30％甘油水溶液	4
Ⅳ	0.25％溴酚蓝 400g/L 蔗糖水溶液	4
Ⅴ	18％聚蔗糖(Ficoll)(400 型)水溶液 0.15％溴甲酚绿 0.25％二甲苯青 FF	4

使用以上凝胶加样缓冲液的目的有三：① 增大样品密度，以确保 DNA 均匀进入样品孔内；② 使样品呈现颜色，从而使加样操作更为便利；③ 含有在电场中以预知速率向阳极泳动的染料。溴酚蓝在琼脂糖凝胶中移动的速率约为二甲苯青 FF 的 2.2 倍，而与琼脂糖浓度无关。以 0.5×TBE 作电泳液时，溴酚蓝在琼脂糖中的泳动速率与长 300bp 的双链线状 DNA 相同，而二甲苯青 FF 的泳动速度则与 4kb 的双链线状 DNA 相同。在琼脂糖浓度为 0.5％～1.4％的范围内，这些对应关系受凝胶浓度变化的影响并不显著。

对于碱性凝胶，应使用溴甲酚绿作为示踪染料，因为在碱性 pH 条件下其显色较溴酚蓝更为鲜明。

(六) 与 DNA 凝胶电泳相关的数据

① 琼脂糖凝胶含量与线性 DNA 分辨范围

凝胶浓度/％	线性 DNA 长度/bp	凝胶浓度/％	线性 DNA 长度/bp
0.5	1000～30000	1.2	400～7000
0.7	800～12000	1.5	200～3000
1.0	500～10000	2.0	50～2000

② 聚丙烯酰胺凝胶对 DNA 的分辨范围

丙烯酰胺/(g/L)	分辨范围/bp	丙烯酰胺/(g/L)	分辨范围/bp
35	100～2000	120	40～200
50	80～500	150	25～150
80	60～400	200	6～100

七、一些常用单位

① 长度单位

名称	缩写	换算法							
米	m	1	10^{-1}	10^{-2}	10^{-3}	10^{-6}	10^{-9}	10^{-10}	10^{-12}
分米	dm	10	1	10^{-1}	10^{-2}	10^{-5}	10^{-8}	10^{-9}	10^{-11}
厘米	cm	10^2	10	1	10^{-1}	10^{-4}	10^{-7}	10^{-8}	10^{-10}
毫米	mm	10^3	10^2	10	1	10^{-3}	10^{-6}	10^{-7}	10^{-9}
微米	μm	10^6	10^5	10^4	10^3	1	10^{-3}	10^{-4}	10^{-6}
纳米	nm	10^9	10^8	10^7	10^6	10^3	1	10^{-1}	10^{-3}
埃	Å	10^{10}	10^9	10^8	10^7	10^4	10	1	10^{-2}
皮米	pm	10^{12}	10^{11}	10^{10}	10^9	10^6	10^3	10^2	1

② 体积单位

名称	缩写	换算法				
升	L(l)	1	10^{-1}	10^{-2}	10^{-3}	10^{-6}
分升	dL(dl)	10	1	10^{-1}	10^{-2}	10^{-5}
厘升	cL(cl)	10^2	10	1	10^{-1}	10^{-4}
毫升	mL(ml)	10^3	10^2	10	1	10^{-3}
微升	μL(μl)	10^6	10^5	10^4	10^3	1

③ 质量单位

名称	缩写	换算法							
千克(公斤)	kg	1	10^{-3}	10^{-4}	10^{-5}	10^{-6}	10^{-9}	10^{-12}	10^{-15}
克	g	10^3	1	10^{-1}	10^{-2}	10^{-3}	10^{-6}	10^{-9}	10^{-12}
分克	dg	10^4	10	1	10^{-1}	10^{-2}	10^{-5}	10^{-8}	10^{-11}
厘克	cg	10^5	10^2	10	1	10^{-1}	10^{-4}	10^{-7}	10^{-10}
毫克	mg	10^6	10^3	10^2	10	1	10^{-3}	10^{-6}	10^{-9}
微克	μg	10^9	10^6	10^5	10^4	10^3	1	10^{-3}	10^{-6}
纳克	ng	10^{12}	10^9	10^8	10^7	10^6	10^3	1	10^{-3}
皮克	pg	10^{15}	10^{12}	10^{11}	10^{10}	10^9	10^6	10^3	1

④ 物质的量与物质的量浓度表示法

名称			浓度单位	
中文	英文	单位符号	符号	换算
摩尔	mole	mol	mol/L	1mol/L
毫摩尔	millimole	mmol	mmol/L	$\times 10^{-3}$ mol/L
微摩尔	micromole	μmol	μmol/L	$\times 10^{-6}$ mol/L
纳摩尔	nanomole	nmol	nmol/L	$\times 10^{-9}$ mol/L
皮摩尔	picomole	pmol	pmol/L	$\times 10^{-12}$ mol/L

⑤ 十进位数量词头及符号

词头	符号	系数	词头	符号	系数
atto-阿	a	$\times 10^{-18}$	deci-分	d	$\times 10^{-1}$
femto-飞	f	$\times 10^{-15}$	deca-十	da	$\times 10$
pico-皮	p	$\times 10^{-12}$	hecto-百	h	$\times 10^{2}$
nano-纳	n	$\times 10^{-9}$	kilo-千	k	$\times 10^{3}$
micro-微	μ	$\times 10^{-6}$	mega-兆	M	$\times 10^{6}$
milli-毫	m	$\times 10^{-3}$	giga-吉	G	$\times 10^{9}$
centi-厘	c	$\times 10^{-2}$	tera-太	T	$\times 10^{12}$

参 考 文 献

[1] 袁玉荪，朱婉华，陈钧辉. 生物化学实验. 第2版. 北京：高等教育出版社，1995.

[2] 北京师范大学生物系生物化学教研室编. 基础生物化学实验. 北京：高等教育出版社，1994.

[3] 赵永芳. 生物化学技术原理及其应用. 第3版. 科学出版社，2005.

[4] 张龙翔，张庭芳，李令媛. 生化实验方法和技术. 第2版. 北京：高等教育出版社，1997.

[5] 孙彦. 生物分离工程. 第3版. 北京：化学工业出版社，2013.

[6] 泉美治，等. 生物化学实験のてびき2.タンパク質の分離. 分析法. 東京：（株）化学同人，1986.

[7] 魏群. 分子生物学实验指导. 第2版. 北京：高等教育出版社，2015.

[8] 彭秀玲，袁汉英，谢毅，等. 基因工程实验技术. 第2版. 长沙：湖南科学技术出版社，2017.

[9] 郭勇，崔堂兵，于平儒. 现代生化技术. 第3版. 北京：科学出版社，2017.

[10] 格林，萨姆布鲁克. 分子克隆实验指南. 第4版. 贺福初，译. 北京：科学出版社，2017.

[11] 李建武，等. 生物化学实验原理和方法. 北京：北京大学出版社，1994.

[12] 华东理工大学化学系，四川大学化工学院. 分析化学. 第五版. 北京：高等教育出版社.2003.

[13] 郭景文. 现代仪器分析技术. 北京：化学工业出版社，2004.

[14] 阎隆飞，孙之荣. 蛋白质分子结构. 北京：清华大学出版社，1999.

[15] Bernard Valeur, Molecular Fluorescence：Principles and Applications, Weinheim（Federal Republic of Germany），WILEY-VCH，2002.

[16] Joseph R. Lacowicz, Principle of Fluorescence Spectroscopy，Springer，2 edition，1999.

[17] 刘约权. 现代仪器分析. 第3版. 北京：高等教育出版社，2015.

[18] Cavanagh J，Fairbrother W J，Palmer A G，et al. Protein NMR Spectroscopy：Principles and Practice. New York：Academic Press，1996.

[19] 赵藻藩，周性尧，张悟铭，等. 仪器分析. 北京：高等教育出版社，1990.

[20] 郑集，陈钧辉. 普通生物化学. 第4版. 北京：高等教育出版社，2007.

[21] 赵杏媛，何东博. 黏土矿物与油气勘探开发. 北京：石油工业出版社，2016.

[22] 翁秀兰，王宇龙，陈永新，等. 红外光谱在高分子材料研究中的应用. 红外，2011（09）：45-48.

[23] 葛俊苗，宋益善，李燕，等. 傅里叶变换红外光谱仪及其在食品中的应用. 广东化工，2017（2）：54-55.

[24] 刘春静，王蕾，焦永芳. 动态光散射激光粒度仪的特点及其应用. 现代科学仪器，2011（06）：160-163.

[25] 尚玉峰，蒋达娅，肖井华，等. 动态光散射实验. 物理实验，2004（10）：9-11.

[26] 祖国胤，丁桦. 材料现代研究方法实验指导书. 北京：冶金工业出版社，2012：47-88.

[27] 崇羽，吴安庆. 透射电子显微镜在纳米生物学实验教学中的应用. 高校实验室工作研究，2018（01）：32-35.

[28] 赵春花. 原子力显微镜的基本原理及应用. 化学教育，2019.40（4）：12-17.

[29] 万旻亿. 原子力显微镜的核心技术与应用. 科技资讯，2016.14（35）：240-241.

[30] 王秋菊. 浅析石英晶体的压电效应及应用. 职业，2013（02）：136.

[31] 陈卓玥，蔡玉龙，张成，等. 石英晶体微天平应用于蛋白质吸附检测的研究. 中国医疗器械信息，2014，20（8）：55-57＋62.

[32] 丁鹏飞. 纳米材料敏感/增强的QCM气敏和生物传感器的研究. 浙江：浙江大学博士学位论文，2014.

[33] 李凌. 生物化学与分子生物学实验指导. 第2版. 北京：人民军医出版社，2015.

[34] 张桦. 生物化学实验指导. 北京：中国农业大学出版社，2014.

[35] 李冰冰，单林娜，等. 生化与分子生物学实验指导. 北京：中国矿业大学出版社，2014.

[36] 钟红舰，魏红. 索氏抽提法测定粗脂肪含量的改进. 粮油加工与食品机械.2004，2：39-40.

[37] 杨志敏，谢彦杰. 生物化学实验. 第2版. 北京：高等教育出版社，2019.

[38] 陈鹏，郭蔼光. 生物化学实验技术. 第2版. 北京：高等教育出版社，2018.

[39] 余晶梅. 荧光探针法和疏水相互作用层析法分析蛋白表面疏水性. 浙江：浙江大学硕士学位论文，2014.

[40] 尹燕霞，向本琼，佟丽. 荧光光谱法在蛋白质研究中的应用. 实验技术与管理，2010，27（2）：33-36，40.

[41] 曾茂茂，王霄，陈洁. 蛋白质疏水性测定方法的相关性及适用性. 食品科学，2011，32（15）：117-120.

[42] 黄曼，卜科. 蛋白质疏水性测定方法研究进展. 粮油食品科技，2004，12（2）：31-32.

[43] 艾志录，张晓宇，郭娟，等. 不同品种小麦发芽过程中淀粉酶活力变化规律的研究. 中国粮油学报，2006，21

(3)：32-35.

[44] 沈剑敏，周桂花. 动物组织中 DNA 提取方法的优化. 中国现代教育装备，2009，2：71-73.

[45] 陈翔，张佳琦，朱滨，等. 荧光定量法测定 DNA 熔解温度. 中国医药生物技术，2017，12 (4)：369-371.

[46] 徐志鹏，杨依顺，周长林，等. 规模化制备小牛胸腺 DNA 的工艺研究. 药物生物技术，2013，20 (5)：481-438.

[47] Bajorath J，Raghunathan S，Hinrichs W，et al. Long-range structural changes in proteinase K triggered by calcium ion removal [J]. Nature，1989，337 (6206)：481-484.